Padmavathi Pamulapati

# Impacto do imidaclopride 17,8%SL (TATAMIDA)

Padmavathi Pamulapati

# Impacto do imidaclopride 17,8%SL (TATAMIDA)

## Sobre os constituintes bioquímicos do grande branquiópode, Leptestheriella nobilis

ScienciaScripts

Cover image: www.ingimage.com

This book is a translation from the original published under ISBN 978-620-2-02642-0.

Publisher:
Sciencia Scripts
is a trademark of
Dodo Books Indian Ocean Ltd. and OmniScriptum S.R.L publishing group

120 High Road, East Finchley, London, N2 9ED, United Kingdom
Str. Armeneasca 28/1, office 1, Chisinau MD-2012, Republic of Moldova, Europe
Printed at: see last page
**ISBN: 978-620-7-91397-8**

# Estudos sobre o impacto do Imidaclopride 17,8% SL (TATAMIDA) nos constituintes bioquímicos de um grande branquiópode, *Leptestheriella nobilis* (Sars, 1900)

**P. PADMAVATHI**
Departamento de Zoologia e Aquacultura
Acharya Nagarjuna University
Nagarjuna Nagar - 522 510
Andhra Pradesh, Índia

# ÍNDICE

# PREFÁCIO

O primeiro grupo de pesticidas orgânicos sintéticos utilizados em grande escala foi o dos organoclorados. Estava bem estabelecido que os benefícios destes compostos conferidos à humanidade durante os primeiros anos de utilização nos domínios da agricultura e da gestão da saúde pública não podiam ser ignorados. No entanto, durante as décadas de 1950 e 1960, foram descobertos grandes resíduos destes pesticidas de longa persistência. Além disso, muitas pragas tornaram-se resistentes a estes compostos. O elevado nível de consciencialização ambiental começou nos países ocidentais. Assim que os problemas ambientais foram desmascarados, foram promulgadas leis ambientais, foram criadas agências reguladoras (EPA nos EUA e noutros locais) e os compostos recalcitrantes foram proibidos nos países ocidentais. O mundo ocidental esteve à beira do abismo, mas conseguiu sair do desastre mesmo a tempo.A persistência indevida, a elevada toxicidade para os mamíferos e o desenvolvimento de resistência dos insecticidas organoclorados, organofosforados e carbamatos levaram à proibição ou restrição da sua utilização em muitos países desenvolvidos e em desenvolvimento. Por conseguinte, a atenção centrou-se na síntese de compostos de nova geração, comprovadamente menos persistentes e com baixa toxicidade para os mamíferos. Andhra Pradesh ocupa o primeiro lugar entre todos os Estados, com 25% da utilização total de pesticidas na Índia. A perspetiva comercial dos agricultores desta região tem como principal objetivo a maximização da margem de lucro, o que, por sua vez, resultou num elevado consumo de pesticidas. Durante as pulverizações de pesticidas, alguns dos pesticidas podem ser arrastados por deriva aérea e os restantes por escoamento superficial e lixiviação através do solo para as piscinas e poças de água circundantes, causando efeitos deletérios para a fauna aquática. Recentemente, os agricultores estão a utilizar compostos de nova geração, como o Imidaclopride17,8% SL (TATAMIDA), em grande escala. Assim, o presente estudo foi realizado com o objetivo de compreender os efeitos tóxicos agudos do imidaclopride na espécie de branquiópode aquático *Leptestheriella nobilis*, abundante nos charcos e poças dos distritos de Guntur e Nalgonda, Andhra Pradesh, Índia. A maioria das espécies de branquiópodes é utilizada como alimento vivo natural para organismos aquáticos selvagens e comercialmente cultiváveis.

O primeiro capítulo trata da introdução, na qual se apresenta a classificação dos pesticidas, o organismo em estudo, *L. nobilis*, as propriedades do tóxico em estudo e o objetivo do estudo. No segundo capítulo, são apresentados diferentes métodos seguidos para a avaliação da toxicidade, a estimativa dos constituintes bioquímicos, ou seja, a estimativa do glicogénio, das proteínas totais, dos lípidos totais, dos ácidos nucleicos (ADN, ARN) e a separação das subunidades proteicas por SDS-PAGE. O terceiro capítulo trata dos resultados e da discussão do presente trabalho. O último capítulo apresenta um resumo e conclusões.

# CAPÍTULO - I

## INTRODUÇÃO

A poluição da água tornou-se inevitável devido à industrialização excessiva, à civilização e à revolução verde. Entre os poluentes, os pesticidas foram reconhecidos como um dos mais graves poluentes dos ecossistemas aquáticos, com efeitos deletérios sobre os recursos vivos. Os primeiros pesticidas utilizados para proteger a folhagem do ataque de pragas foram os arsenicais. Foi em 1939 que as propriedades insecticidas do DDT foram descobertas por Paul Muller. Desde então, foram feitos muitos esforços para sintetizar novas moléculas que se revelaram mais eficazes na eliminação de pragas. No início, todos os compostos sintetizados eram hidrocarbonetos contendo cloro ou organoclorados (OCs). Durante 1950-60, foram sintetizados compostos organofosforados (OP) e carbamatos. Na década de 1960, foram introduzidos os piretróides sintéticos de derivados de plantas. Desde há duas décadas, são também utilizados compostos de nova geração.

Para aumentar a produtividade, são praticados métodos modernos na agricultura. Uma parte integrante deste processo é o recurso a uma maior utilização de pesticidas para reduzir as perdas agrícolas devidas a pragas. Mesmo com a utilização de pesticidas, as perdas de colheitas ascendem a 10-30%; sem a utilização de pesticidas, as perdas de colheitas podem ir de 50% a mais de 80%. Por conseguinte, tornou-se imperativo reduzir as perdas de colheitas e de grãos armazenados através da utilização de pesticidas.

No entanto, a utilização de pesticidas nos países em desenvolvimento tem sido muito variada. A Índia só despertou para a utilização de pesticidas orgânicos sintéticos em 1971. Com o início da revolução verde, registou-se um aumento da utilização de pesticidas e fertilizantes agrícolas, para além da prática de melhores técnicas agrícolas. Razões económicas obrigaram à continuação da utilização de alguns dos compostos problemáticos para o ambiente. Não só os compostos persistentes como o DDT (Dicloro Difenil Tricloroetano) e o HCH (Hexacloro-ciclohexano) continuam a ser utilizados na Índia, como também a quantidade total de consumo tem vindo a aumentar de forma constante, a par da propagação da revolução verde no nosso país. É irónico que o ano em que muitos compostos problemáticos para o ambiente foram proibidos nos países industrializados, ou seja, 1971, tenha sido também o ano em que se anunciou o aumento da utilização destes compostos na Índia.

A medida habitual do efeito ambiental de qualquer poluente num animal é a mortalidade; no entanto, outros efeitos, mais delicados e indicativos de alterações fisiológicas, podem acabar por prejudicar a sobrevivência de uma população. O comprometimento do funcionamento comportamental e fisiológico pode resultar numa redução gradual da capacidade de adaptação das espécies, levando a uma diminuição da sua capacidade de sobrevivência e do seu nível populacional. Mesmo que uma pequena alteração de um processo possa parecer insignificante, a combinação dos efeitos de vários processos pode aumentar o stress de tal forma que o organismo se torna menos capaz de lidar com várias formas de diversidade.

A Índia está a utilizar um terço dos pesticidas que são consumidos nos países do terceiro mundo em 25% das suas terras agrícolas (Satyavelu Reddy, 1985). A ordem de consumo de pesticidas em alguns países é a seguinte: Vietname>Índia > Filipinas> China > Coreia> México. Na Índia, foram registados cerca de 104 pesticidas para utilização na agricultura actualizada, dos quais 53 estão a ser utilizados. Para além disso, cerca de 60 pesticidas diferentes são também importados (Pesticides, 1980). O consumo estimado de pesticidas em 2004-05 foi de 41350,40 MT (NCPIM, 2008). O Andhra Pradesh ocupa o primeiro lugar entre todos os Estados, com 25% da utilização total de pesticidas na Índia (Satyavelu Reddy, 1985; Veeraiah e Durga Prasad, 1996).

## Classificação dos pesticidas

Os pesticidas são classificados de forma diferente por diferentes autores. Com base na sua ação sobre as pragas-alvo, os pesticidas são classificados como insecticidas, rodenticidas, moluscicidas, algicidas, bactericidas, nematicidas, herbicidas, fungicidas, etc. Com base na química estrutural, são classificados em três grupos gerais.

1) Compostos inorgânicos, incluindo arsénicos, mercuriais, boratos e fluoretos.
2) Compostos orgânicos naturais como a nicotina, o piretro e a rotenona.
3) Compostos orgânicos sintéticos como organoclorados (DDT, Dicofol, Heptacloro, Endossulfão), organofosforados (Melatião, Diclorovos, Quinolfos) e carbamatos (Aldicarbe, Carbofurão, Furadão, Fenoxicarbe), piretróides sintéticos (Cipermetrina, Deltametrina, Bifentrina) e outros compostos de nova geração (Imidaclopride, Novalurão, Buprofezina).

Atualmente, os insecticidas são a pedra angular em que se baseiam as práticas de gestão dos parasitas e é provável que assim se mantenham enquanto existirem produtos químicos eficazes e baratos. Dos vários grupos de insecticidas descobertos pelos cientistas, nos últimos anos a atenção centrou-se nos compostos de piretrinas menos persistentes e de baixa toxicidade para os mamíferos. Os piretróides sintéticos são potentes insecticidas de largo espetro utilizados para controlar os insectos nocivos na agricultura, no lar e nos produtos armazenados. São aplicados a taxas dez a cem vezes inferiores às dos insecticidas organoclorados, carbamatos e organofosforados (Elliot, 1977). Estes insecticidas são preferidos para utilização na proteção integrada devido à sua elevada atividade, fotoestabilidade, baixa toxicidade aguda para os mamíferos e fitotoxicidade. Os insecticidas piretróides são frequentemente letais para uma grande variedade de insectos pragas em doses extremamente baixas, mas em doses ainda mais baixas estes compostos têm demonstrado afetar as actividades reprodutivas de várias espécies de insectos.

Nas últimas décadas, a poluição da água devido aos pesticidas sintéticos está a causar graves problemas. Estes pesticidas chegam aos recursos de água doce através do escoamento das águas pluviais das zonas agrícolas e florestais, onde afectam negativamente a qualidade da água e, por conseguinte, são perigosos para a vida aquática. Além disso, a translocação destes pesticidas dos campos agrícolas para o ambiente aquático constitui uma séria ameaça para os animais, que passam também através das cadeias alimentares e, em última análise, para o homem, provocando consequências perigosas. Estudos recentes revelaram que o impacto dos pesticidas nos organismos não visados pode ser mais complexo do que se imaginava (Banken e Stark, 1998; Kjær *et al.*, 1998).

A poluição por pesticidas de origem não pontual proveniente de zonas agrícolas é amplamente considerada como uma das maiores causas de contaminação das águas de superfície (Gangbazo *et al.,* 1989; Humenik *et al.,* 1987; Line *et al.,* 1997; Loague *et al.,* 1998). Foram comunicadas várias vias de transporte de pesticidas de fontes não pontuais para as águas de superfície (Baker, 1983; Edwards; 1973; Groenendijk *et al.,* 1994; e Schiavon *et al.,* 1995). Vários tipos de pesticidas podem contaminar as águas de superfície e têm efeitos prejudiciais na estrutura da comunidade, na reprodução e nos processos de desenvolvimento de vários taxa, incluindo macro invertebrados, anfíbios, aves, peixes e outros animais selvagens (Colborn *et al.,* 1993; Scott *et al.,* 1987; Thompson, 1996). O potencial de entrada de pesticidas nas águas de superfície através do solo, incluindo o transporte por drenagem, foi analisado por Flury (1996). Existem vários cenários genéricos para a deriva e a deposição de pulverizações em águas de superfície. Assim, os insecticidas atingem o ambiente aquático direta ou indiretamente.

A persistência excessiva, a elevada toxicidade para os mamíferos e o desenvolvimento de resistência dos insecticidas organoclorados e carbamatos levaram à proibição ou restrição da sua utilização em muitos países desenvolvidos e em desenvolvimento. Por conseguinte, tornou-se necessário investigar e sintetizar novas moléculas comprovadamente menos tóxicas, menos persistentes e que não causem o desenvolvimento de resistência. Neste cenário, foram sintetizados vários pesticidas de nova geração que bloqueiam os canais de sódio no sistema nervoso dos organismos. Alguns deles são o imidaclopride (à base de nicotina), o espinosade (composto biotecnológico), o indoxacarbe (oxadiazina), etc.

O distrito de Guntur (15° 18' a 16° 50' N e 70° 10' a 80° 55' E) em Andhra Pradesh, Índia, é predominantemente um distrito agrícola situado na margem ocidental do rio Krishna. Tradicionalmente, o tabaco, o algodão, a malagueta e a grama preta são cultivados em regiões de terra firme, enquanto o arroz, a grama preta e a grama verde são cultivados em regiões húmidas. As culturas comerciais de sequeiro implicam investimentos avultados e dão bons lucros. Além disso, é sabido que todas estas culturas são objeto de pulverização intensa. É interessante notar que, do total das vendas anuais de pesticidas em 23 distritos de Andhra Pradesh, cerca de 30-40% da quantidade total é vendida através de vários pontos de venda só no distrito de Guntur. A perspetiva comercial dos agricultores desta região tem como principal objetivo a maximização da margem de lucro, o que, por sua vez, resultou num elevado consumo de pesticidas. Os responsáveis locais pela agricultura aconselham os agricultores a reduzir o consumo de piretróides sintéticos nos campos de cultivo. Este facto indica a intensidade da utilização destes pesticidas. Das regiões montanhosas desta localidade, os pesticidas utilizados são arrastados para as massas de água das terras baixas através do escoamento superficial, afectando os organismos aquáticos. O imidaclopride (TATAMIDA) é um dos pesticidas promissores da nova geração, utilizado extensivamente no controlo de insectos nocivos nos últimos anos nesta região. Por conseguinte, as amostras foram colhidas nas zonas do distrito de Guntur e do distrito adjacente de Nalgonda, onde os camarões-ostra estão disponíveis em abundância.

## Estudos de toxicidade e sua importância

Uma vez que o ambiente aquático é o último sumidouro de todos os poluentes, os ensaios de toxicidade aquática tornaram-se parte integrante do processo de avaliação dos perigos ambientais dos produtos químicos tóxicos. Em geral, o impacto potencial dos poluentes é maior nos organismos aquáticos, porque, na hidrosfera, os pesticidas e outras substâncias são transportados a uma distância maior e, por isso, é provável que muitos mais organismos não visados sejam expostos a eles do que no ambiente terrestre (Murty, 1986). Além disso, no ambiente aquático, ao contrário do ambiente terrestre, o corpo do organismo é banhado pelo meio que contém o tóxico.

A crescente consciencialização dos perigos dos pesticidas para o ambiente tornou necessário o teste da toxicidade de diferentes pesticidas para diferentes organismos aquáticos. A monitorização biológica é a forma específica de organizar eficazmente a qualidade do ambiente a um nível social e biologicamente desejável. Os ensaios de toxicidade aquática podem ter 40 a 50 anos, mas a "toxicidade aquática", enquanto ramo que trata do interesse pela crise ambiental, foi despertada na sequência da publicação de "Silent spring" de Rachel Carson (Carson, 1962).

O envenenamento crónico por pesticidas afecta o crescimento, a reprodução, o comportamento, a fisiologia, o metabolismo, a patologia, os constituintes bioquímicos e a fecundidade das espécies não visadas, afectando, em última análise, a sobrevivência da própria população (Holden, 1972; Johnson, 1968; Burdick *et al.*, 1972). Alguns pesticidas, por exemplo, os pesticidas organoclorados persistentes, concentram-se nos tecidos dos animais devido à sua natureza lipofílica. Os pesticidas não só produzem alterações morfológicas ou patológicas, como também provocam alterações bioquímicas significativas no sistema vivo (Edwards, 1973; O'Brien, 1977).

Uma análise da literatura existente mostra que existe pouca informação sobre os estudos de toxicidade dos pesticidas em invertebrados aquáticos. A maior parte da informação publicada está disponível sobre a toxicidade dos pesticidas para os peixes, mas há comparativamente poucos relatórios sobre os crustáceos. Podem referir-se os trabalhos de Eisler (1969); Sanders (1969); McLeese (1976); Sundaram & Szeto (1979); Mauck (1980); Abdel (1980); Sanders *et al.* (1981); Stephenson (1982); Machado *et al.* (1992); Castillo *et al.* (1997); Chu *et al.* (1997); Hourdez Stephane (2000); Bailey *et al.* (2001); Kuhn *et al.* (2001); Ramanibai *et al.* (2001); Greenberg *et al.* (2002); Agbon *et al.* (2004); Verslycke *et al.* (2004); Relyea (2005); Jemec *et al.* (2007). Assim, o presente estudo foi realizado com o objetivo de obter uma compreensão básica dos efeitos de toxicidade aguda do imidaclopride em organismos aquáticos, especialmente em grandes camarões branchiopod clam, que constituem o alimento natural de organismos aquáticos selvagens e comercialmente cultiváveis.

## Estudos bioquímicos

Os pesticidas são conhecidos por causarem efeitos deletérios nos recursos vivos. Embora os efeitos dos pesticidas sobre os peixes tenham sido amplamente estudados e revistos (Holden, 1973; Mckin *et al.*, 1976; Brungs *et al.*, 1977; Gupta, 1986 e Murty, 1986), não existem estudos bioquímicos sobre micro e macro invertebrados aquáticos. Por conseguinte, é necessário estudar as alterações bioquímicas induzidas pelos pesticidas. A propósito, Ghosh (1986), Rao *et al.* (1986) dedicaram muita atenção à avaliação dos efeitos perigosos de vários pesticidas na fisiologia de muitos organismos não visados. Sprague (1971), Sastry e Siddiqqi (1984), Srinivas Moorthy *et al.* (1985), Ghosh (1986) e Rao *et al.* (1986) revelaram que as alterações da atividade fisiológica e comportamental podem servir de indicadores para estimar o nível dos efeitos sub-letais dos poluentes.

Foi referido que muitos pesticidas produzem uma série de alterações bioquímicas em organismos não visados, tanto a níveis letais como, mais frequentemente, a níveis sub-letais. Foram atribuídas aos pesticidas alterações nas concentrações de iões, constituintes orgânicos, atividade enzimática, atividade endócrina e quimiorreguladores em organismos não visados (Murty, 1986).

As alterações bioquímicas nos organismos em relação ao tóxico foram consideradas pelos toxicologistas como efeitos crónicos. Devido aos efeitos crónicos, as alterações das fontes de energia e dos ciclos dos animais são inevitáveis devido ao stress e a toda a mudança de resultados no sistema (Martin et al., 1983).

A alteração do metabolismo dos hidratos de carbono é suscetível de ter um efeito deletério na sobrevivência do animal (Latner, 1975; Harper, 1985). A deterioração do metabolismo dos hidratos de carbono é uma das lesões bioquímicas mais importantes causadas pela ação de compostos tóxicos (Bhatia et al., 1978; O'Conner et al., 1982; Matias, 1983; Sreenivasa Murthy, 1983; Radhaiah, 1988; Rama Murthy, 1988).

A compreensão dos componentes proteicos da célula torna-se necessária à luz das alterações radicais que ocorrem nos perfis proteicos durante a intoxicação por pesticidas. Os relatórios de Segal (1976); Haranath *et al.* (1978); Bano *et al.* (1982); Assam e Hanke (1983) afirmam que as proteínas podem ser consideradas como um índice de condições de stress. James e Robert (1980) e Subbalakshmi e Murthy (1984) referiram que as alterações no metabolismo das proteínas actuam como indicador da poluição por pesticidas. Tanto a degradação como a síntese de proteínas são sensíveis a uma vasta gama de condições e apresentam alterações a uma variedade de moduladores físicos e químicos. As alterações fisiológicas e bioquímicas observadas num animal sob qualquer stress fisiológico podem ser correlacionadas com as alterações estruturais e funcionais das proteínas celulares. As proteínas ocupam uma posição única no metabolismo da célula devido à natureza proteica de todas as enzimas que medeiam várias vias metabólicas (Lehninger, 1983; Harper, 1985).

Os lípidos são a forma de armazenamento de energia nos organismos. Quando surgem condições de stress nos organismos para satisfazer as necessidades excessivas de energia, os organismos utilizam esta energia armazenada sob a forma de lípidos para superar as condições de stress. A intoxicação por pesticidas induz alterações bioquímicas e metabólicas. Como consequência, surge a depleção de lípidos nos organismos sob intoxicação por pesticidas (Harper, 1985).

A inibição ou ativação das actividades fisiológicas pelos pesticidas deve-se à interação entre o animal e a natureza química do pesticida (Yun Peisun, 1970). As alterações bioquímicas induzidas pelo stress são descritas como respostas secundárias dos peixes. De acordo com Abou Donia *et al.* (1988), as análises bioquímicas de ADN, ARN e proteínas são consideradas marcadores no estudo da toxicidade. Assim, no presente estudo, foram realizadas alterações bioquímicas em organismos de ensaio expostos a concentrações letais e sub-letais de pesticidas, juntamente com estudos electroforéticos para compreender as alterações nas bandas das subunidades proteicas.

No presente estudo, foi feita uma tentativa de estudar o impacto tóxico do imidaclopride no camarão-da-índia *Leptetheriella nobilis* (Crustacea: Brachiopoda: Spinicaudata) que habita massas de água semi-permanentes, como poças e charcos, situadas em Nallapadu, perto de Guntur, distrito de Guntur, e na aldeia de Anathagiri, perto de Kodada, distrito de Nalgonda, Andhra Pradesh, Índia.

# CAPÍTULO - II

## MATERIAIS E MÉTODOS

### ORGANISMO DE TESTE:

**Posição taxonómica:**

Filo - ARTRÓPODES
Subfilo - MANDIBULATA
Classe- CRUSTACEA
Subclasse - BRANCHIoPoDA
ordem - SPINICAUDATA
Família- LEPTESTHERIDAE, Daday, 1913
Género - *LEPTESTHERIELLA,* Daday, 1913
Espécie- *Leptesthriella nobilis* (Sars, 1900).

**Descrição do organismo a testar:**

Medidas:
Comprimento: 3 *2* a 12,3 mm; $ 4 a 11 mm
Altura: 31,3 a 7,2 mm; $ 3 a 6,5 mm

O corpo é coberto por uma carapaça bivalve (concha), pelo que se assemelham a moluscos bivalves em miniatura e são vulgarmente designados por "camarões-ostra". Carapaça oval, fina, transparente e amarela acastanhada nos espécimes jovens; espessa, translúcida e castanha escura com crescimentos de algas epífitas nos espécimes mais velhos; umbone proeminente (Prato-I Fig.1). Linhas de crescimento 13-62 em 13-62 em 3 e 13-63 em $. Todas as linhas de crescimento e a margem livre da carapaça apresentam cerdas delgadas, sendo esta caraterística mais pronunciada nos juvenis. Linha de crescimento concêntrica observada em algumas regiões (principalmente na região média e ventral). Os interstícios entre as linhas de crescimento apresentam marcas areoladas, poligonais e redondas. A forma, o tamanho e o padrão das marcas não são uniformes. A linha de charneira ou linha dorsal é reta e forma um ângulo agudo nas regiões anterior e posterior da carapaça. No entanto, a carapaça das fêmeas jovens não possui ângulos anteriores e posteriores distintos (Prato-I Fig.1).

O animal propriamente dito pode ser dividido numa cabeça e num tronco conspícuos (Prato-I, Fig. 2 e 3). Cabeça conspícua, com um rostro proeminente que é amplamente triangular, espatulado a em forma de machado; olhos grandes, não confluentes. Protuberâncias oculares significativas; ocelo maior do que o olho. Fórnix proeminente, nascendo do ângulo dorsal do rostro; na base do fórnix existe um pequeno espinho de comprimento variável. Ângulo occipital moderado ou agudo, sulco occipital moderadamente profundo. Primeira antena pequena, relativamente maior nos machos, com 8-16 lóbulos sensoriais, cada um com vários estetas sensoriais. Segunda antena birrosa; cada ramo é constituído por 12-14/14-16 antenómeros, cada um com espinhos e cerdas; mandíbulas não-palpadas e em forma de crescente.

O tronco possui 23-26 pares de toracópodes (patas natatórias). A margem dos expodes tem lóbulos digitiformes não ramificados com cerdas, característicos do género. Os dois primeiros pares de patas são modificados como pinças. Telson assimétrico, com 24 a 35 espinhos serrilhados desiguais. Na margem posteroventral do télson, um par de garras sulcadoras ou cercópodes. Cercópodes alongados e triangulares com espinhos espinulosos curtos.

PLATE - I

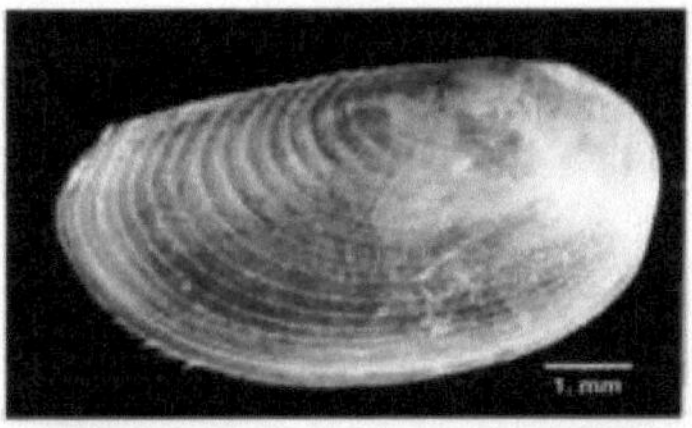

Fig. 1 Carapace

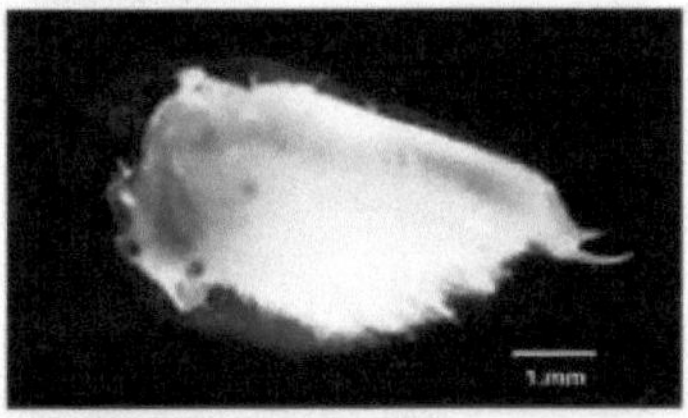

Fig. 2 Female - Animal proper

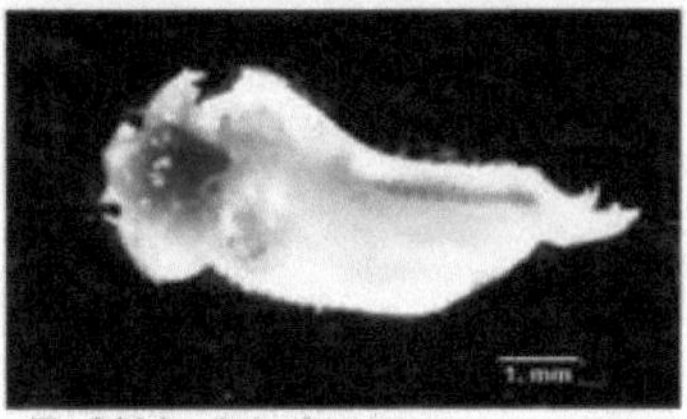

Fig. 3 Male - Animal proper

Figure 1-3. *Leptestheriella nobilis* (Sars,1900)

## TESTE DE TOXICIDADE (Imidaclopride 17,8%SL (TATAMIDA)):

O imidaclopriode é um inseticida sistémico de cloro-nicotinilo relativamente recente (Caroline Cox, 2001) (quadros 2.1 e 2.2; Fig. II.1). Estes compostos sintéticos evoluíram a partir do inseticida natural nicotina (Fig. II.2), cujo modo de ação consiste em interferir com a transmissão normal dos impulsos nervosos, ligando-se aos receptores nicotinérgicos pós-sinápticos da acetilcolina. O imidaclopride é o primeiro composto comercialmente disponível de uma nova classe de insecticidas, os cloronicotinilos, que actuam neste local de ação único.

O imidaclopride possui uma combinação única de características que o tornam um dos insecticidas mais utilizados em todo o mundo (Elbert *et al.*, 1998; Kagabu 1997; Cox *et al.*, 1997; Cox *et al.*, 1998). Essas características incluem um novo modo de ação, que faz do imidaclopride um componente importante dos programas de gestão da resistência, uma excelente atividade sistémica e de contacto, uma grande variedade de métodos de aplicação, baixas taxas de aplicação, um controlo residual prolongado, uma forte ligação à matéria orgânica do solo e perfis toxicológicos e ambientais favoráveis. É utilizado para o controlo de insectos sugadores, incluindo fungos do arroz, afídeos, tripes, moscas brancas, térmitas, insectos do solo e alguns escaravelhos. É mais comummente utilizado no arroz, cereais, milho, batatas, produtos hortícolas, beterraba sacarina, frutos, algodão, etc.

Foi sintetizado pela primeira vez pela Nihon Bayer Agrochem em 1985 (Elbert *et al.*, 1998) e introduzido para utilização agrícola na Europa (Espanha) e na Ásia (Japão) em 1992 e nos EUA em 1994. O imidaclopride é comercializado sob as marcas registadas Merit, Admire, Provado, Premise, Confidor, Tatamida, Gaucho, Advantage, etc.

**Table 2.1. TATAMIDA**

(Nome comercial do pesticida introduzido pela
Tata industries Limited)

1. Composição química principal
(designação comum, ISO) : Imidaclopride
2. Denominação química
(segundo a IUPAC) : 1-(6-cloro-
3-piridilmetil)-N- nitroimidazoidina-2-ilideno amina
CAS : 1-[6-cloro-3-piridinil) metil]-N-nitro-2-imidazolidinimina
3. N.º CAS : 138261-41
4. Fórmula empírica : C9H10ClN5O2
5. Fórmula estrutural

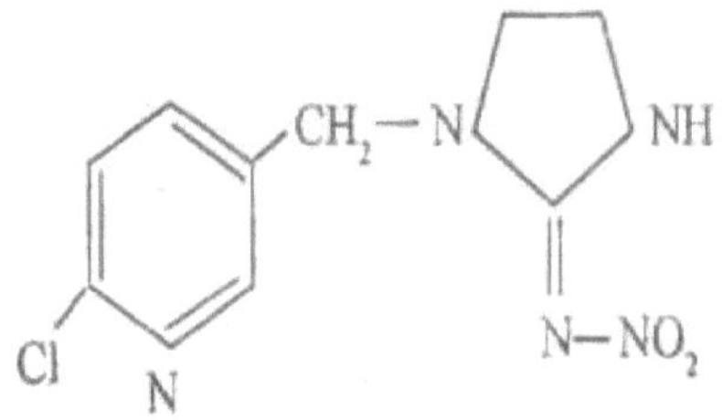


6. Peso molecular : 255,7 g/mol

**Table 2.2.** PROPRIEDADES FÍSICO-QUÍMICAS DA TATAMIDA
(Bayer Corporation, 2000)

1. Aspeto : Sólido (cristais)
2. Cor : Incolor
3. Odor : ligeiramente caraterístico
4. Ponto de fusão : 144° *C*
5. Pressão de vapor : 4 x 10 ^12 hpa a 20° C
6. Densidade : 1,54 g/cm 3 a 23° c

7. Solubilidade (g de substância em 1000 ml de solvente a 20°C)

Solubilidade em água : 0,61, sem influência do valor de pH

Solubilidade em solventes orgânicos em conformidade com o Resolução DAPA :

n -hexano : < 0,1

Diclorometano : 67

2- Propanol : 2.3

Tolueno : 0,69

8. Coeficiente de partição : logPow: 0,57 a 21° C
(n- octanol/água)

9. Estabilidade hidrolítica : pH5 25°C t ½: < 1 a
(degradação em : pH7 25°C t ½: > 1 a
sistemas tampão) : pH9 25°C t ½: cerca de 1 a

**Imidacloprid**

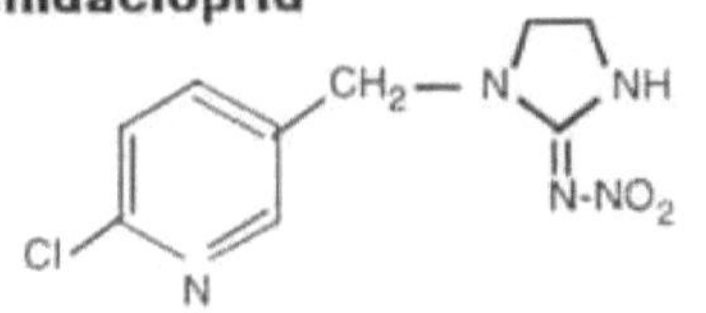

*1-((6-chloro-3-pyridinyl)methyl)-N-nitro-2-imidazolidinimine*

**Nicotine**

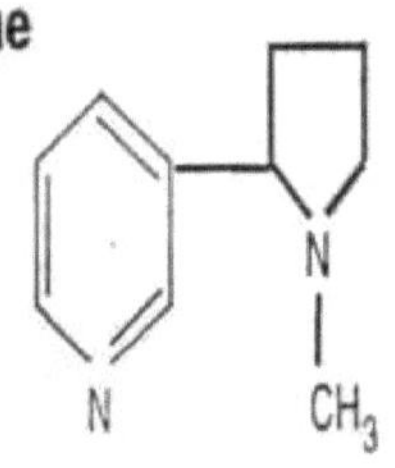

**Figura II.1Figura II.2**

# ÁREA DE ESTUDO:

Os organismos de ensaio, *Leptestheriella nobilis,* foram recolhidos em poças e charcos temporários ou massas de água semi-permanentes situados na aldeia de Nallapadu, cerca de 10 km a oeste de Guntur (16° 18' N e 80° 29' E), Guntur e na aldeia de Anathagiri, a cerca de 8 km a norte de Kodada (17° 00' N e 79° 55'E), distrito de Nalgonda, Andhra Pradesh, Índia, onde estes camarões-ostra estão disponíveis em abundância (Durga Prasad,1981 e Simhachalam. 2005). Ambos os locais de recolha estão situados na zona onde são cultivadas culturas comerciais. Em Nallapadu, foram escolhidos três charcos e poças (placa II.1 Fig.1-3) situados numa colina rochosa perto do Government Polytechnic College for men. O fundo das poças é constituído por um substrato rochoso carregado de lodo. Estas piscinas contêm água durante 3 a 5 meses (junho a outubro) na estação das chuvas. Em Ananthagiri, as recolhas foram efectuadas em três locais de uma grande massa de água semi-permanente (placa II.2, figuras 4-6), alimentada pela chuva e rodeada de colinas de um lado e de campos agrícolas do outro.

## PLATE II.1

Figure 1

Figure 2

Figure 3

**Figura 1-3. Três locais de recolha de camarões clam, ou seja, poças e charcos nas rochas de Nallapadu, distrito de Guntur, A.P.**

Figure 4 PLATE II.2

Figure 5

Figure 6

**Figura 4-6. Três locais de recolha de camarões clam num corpo de água semi-permanente na aldeia de Ananthagiri, distrito de Nalgonda, A.P.**

## RECOLHA DE AMOSTRAS:

Em todos os locais de recolha, os organismos de ensaio foram recolhidos durante duas épocas em dois anos consecutivos (2006 e 2007). Os camarões-ostra foram recolhidos com uma rede de plâncton de reboque feita de tecido de seda n.º 21 (malhagem 70-80 µ). Estes organismos foram aclimatados às condições de laboratório durante 1 semana a 30±2° C. Durante a aclimatação, a água foi arejada e os organismos-teste foram alimentados com fitoplâncton. A água da torneira proveniente do poço subterrâneo foi utilizada como meio de teste. A água utilizada na aclimatação e nas experiências foi água subterrânea límpida e não clorada. As características físico-químicas da água foram analisadas e apresentadas na Tabela 2.1.

**Tabela 2.1.** CARACTERÍSTICAS FÍSICO-QUÍMICAS DA ÁGUA UTILIZADA NAS EXPERIÊNCIAS

| | |
|---|---|
| Temperatura (° C) | 28 ± 2 |
| Turbidez (unidades de sílica) | 8 |
| pH a 28 ° C | 8.1 |
| Oxigénio dissolvido (mg/l) | 8 a 10 |
| Alcalinidade (mg/l como CaCO )3 | |
| Fenolftaleno | 0 |
| Alcalinidade total | 452 |
| Dureza total (mg/l como CaCO )3 | 232 |
| Dureza dos carbonatos | 150 |
| Dureza não carbonatada | 0 |
| Dureza cálcica | 52 |
| Dureza do magnésio | 32 |
| Nitrito-N (mg/l) | Traço |
| Sulfatos (mg/l) | Traço |
| Cloretos (mg/l) | 40 |
| Fluoretos (mg/l) | 1.8 |
| Ferro (mg/l) | Traço |

## AVALIAÇÃO DA TOXICIDADE:

Os diferentes tipos de testes de toxicidade têm objectivos diferentes. O teste de toxicidade de 96 h ou o teste de toxicidade aguda ou a curto prazo é um dos testes mais comummente utilizados na avaliação da toxicidade. Os protocolos modernos de toxicidade aquática em uso são o resultado de uma série de tentativas de normalização da metodologia de ensaio. O mais antigo e um dos mais úteis destes métodos de ensaio é o de Doudoroff *et al.* (1951), que constitui a base de todas as outras tentativas. Nos métodos normalizados da Associação Americana de Saúde Pública (APHA, 1985), os procedimentos de bioensaio e de ensaio de toxicidade são descritos em pormenor. Sprague (1971) analisou o estado da arte até 1970 e salientou a necessidade de ter um conceito claro dos diferentes aspectos dos ensaios de toxicidade. O United States Environmental Protection Agency (USEPA, 1973), Committee on the methods for toxicity tests with aquatic organisms, publicou uma revisão exaustiva dos métodos para a realização de ensaios de toxicidade aquática aguda. Mais tarde, este comité foi substituído pelo Comité de Pesticidas da American Society for Testing and Materials

(ASTM) e pelo subcomité de segurança para os organismos aquáticos. Por conseguinte, o ensaio de mortalidade aguda é obrigatório nos sistemas de ensaio cansativos seguidos pela Comunidade Económica Europeia (CEE) e pela Organização das Nações Unidas para a Alimentação e a Agricultura.
países da Cooperação e Desenvolvimento Económico (OCDE) para qualquer produto químico produzido à escala industrial (Smeets, 1980).
O comité sobre métodos para testes de toxicidade com organismos aquáticos (1975) recomendou quatro métodos para a realização de testes de toxicidade. São eles:
1. **Técnica estática**: Os ensaios estáticos são úteis para exposições de curta duração e servem como primeiras verificações para avaliar a toxicidade aguda de uma substância química para um certo número de organismos. Nesta técnica, as soluções de ensaio e os organismos de ensaio são colocados nas câmaras de ensaio e mantidos sem perturbações durante toda a duração da experiência.
2. **Técnica de recirculação**: Na técnica de recirculação, o meio de ensaio é preparado no início do ensaio e o meio é recirculado através de um aparelho, onde é arejado, filtrado e esterilizado antes de regressar ao tanque de ensaio.
3. **Técnica de renovação estática**: Trata-se de um ensaio estático melhorado, no sentido em que se tenta manter a qualidade da água e a concentração do tóxico. Os organismos de ensaio são periodicamente transferidos para uma solução de ensaio fresca com a mesma composição, geralmente uma vez em 24 horas, quer transferindo os organismos de ensaio de uma câmara para outra, quer substituindo a solução de ensaio.
4. **Técnica de fluxo contínuo**: Neste método, há um fluxo contínuo das soluções através da câmara de ensaio a uma taxa fixa durante todo o período de ensaio. São recomendados dois procedimentos. No primeiro procedimento, são preparados grandes volumes de soluções de ensaio antes do início do ensaio e estas fluem através das câmaras de ensaio. No segundo procedimento, o mais comum, as soluções de ensaio frescas são preparadas continuamente, de poucas em poucas horas, num sistema de distribuição de tóxicos (Mount e Brungs, 1967).

A terceira técnica acima descrita, ou seja, o teste de renovação estática, foi amplamente utilizada nos anos cinquenta e sessenta (Doudoroff *et al.*, 1951; Hendersen *et al.*, 1959). Foi também aceite como método padrão pela Associação Americana de Saúde Pública (1985). O teste estático não é tão significativo quando comparado com os outros três, devido a factores como o esgotamento do oxigénio durante o período experimental, a absorção do pesticida pelos organismos e pelas câmaras de teste, o aumento do dióxido de carbono, do pH e dos produtos excretores. Assim, um melhor método para avaliar a toxicidade é o fluxo contínuo através de um sistema que simule as condições naturais. Assim, no estudo, foram utilizados sistemas de fluxo estático e contínuo.

**Duração do ensaio**: A concentração dos pesticidas, que normalmente pode ser sub-letal durante exposições de curta duração (24 - 48 horas), pode revelar-se letal se o tempo de exposição for prolongado (até 96-120 horas). Uma vez que a toxicidade do veneno é função do tempo, é habitual expor os organismos de ensaio ao tóxico durante um período de tempo fixo, normalmente durante 24, 48, 72 e 96 horas.

1. **Preparação da solução de reserva**: O pesticida imidaclopride foi dissolvido em acetona e diluído até às concentrações necessárias.

1. **Experiências-piloto**: Foi efectuado um rastreio preliminar para determinar a gama de toxicidade do tóxico por método estático. Um grupo de camarões-ostra foram expostos a cinco concentrações muito espaçadas durante 24 horas. Repetindo estas experiências, foi fixada uma gama de cinco concentrações que dão uma mortalidade na ordem dos 10 a 90%. O principal objetivo deste teste é poupar tempo e trabalho.

2. **Teste correto**:

A. Foram efectuadas cinco concentrações crescentes de pesticida, variando entre 10% e 90% de mortalidade, numa banheira ou recipiente contendo um litro de água.

B. Dez camarões clam foram expostos a cada concentração durante 24, 48, 72 e 96 h.

C. Os ensaios de renovação estática foram efectuados durante 24, 48, 72 e 96 horas em recipientes de 1L de capacidade.

D. O controlo foi efectuado sem concentração de pesticida.

E. A percentagem de mortalidade dos camarões-ostra em diferentes concentrações foi registada imediatamente após a exposição a 24, 48, 72 e 96 h.

F. Os camarões mortos foram retirados o mais rapidamente possível, pois podem causar stress aos outros camarões.

Os valores $LC_{50}$ foram calculados de acordo com o método de análise probit de Finney (1971). Os dados foram submetidos às seguintes equações estatísticas para chegar aos valores $LC_{50}$.

Log A + 50 - a

Log $LC_{50}$ = -----------------------------

b - a Registo$^2$

onde

A = Concentração de pesticida para 50% de mortalidade

a = Percentagem de morte imediatamente abaixo de 50% de mortalidade

b = Percentagem de mortes imediatamente acima de 50% de mortalidade

## SELECÇÃO DE CONCENTRAÇÕES LETAIS E SUB-LETAIS:

Os tóxicos podem existir no sistema aquático em concentrações demasiado baixas para causar a morte rápida, mas podem afetar o funcionamento dos organismos. Embora os pesticidas possam não estar presentes no sistema aquático em níveis letais, o derrame acidental de tóxicos pode resultar numa concentração tóxica. Assim, na presente investigação, foram seleccionadas concentrações letais de 48 h e sub-letais de $1/10^{th}$ e concentrações sub-letais de $1/5^{th}$ para estudar os efeitos nos constituintes bioquímicos. Já nos estudos electroforéticos de análise das subunidades proteicas, foi também selecionada a concentração sub-letais de $1/5^{th}$ para compreender a intensidade do efeito do imidaclopride com o aumento da concentração ambiental.

## MÉTODOS BIOQUÍMICOS:

**Estimativa do glicogénio:**

A quantidade de glicogénio foi estimada pelo método de Kemp *et al.* (1954). 5% O homogenato do organismo (50 mg), com casca e sem casca, foi preparado em metanol a 80% e centrifugado a 3000 rpm durante 10 minutos. O resíduo de tecido foi suspenso em 5 ml de ácido tricloroacético (TCA) e fervido durante 15 minutos a 100°C, sendo depois arrefecido em água corrente. A solução foi completada até 5 ml com TCA para compensar a evaporação e depois centrifugada. A partir daí, foram retirados 2 ml do sobrenadante para um tubo de ensaio, foram adicionados 6 ml de H2So4 concentrado e a mistura foi fervida durante 10 minutos. A mistura foi arrefecida e a densidade ótica foi medida a 520 nm. O gráfico padrão foi traçado com D-glucose (Analar fornecido por B.D.H. Mumbai) pelo método acima referido. A glucose obtida foi convertida em glicogénio pelo fator de multiplicação 0,98 (Hawks, 1951) e é expressa em mg de glicogénio/g de peso húmido do tecido.

**Estimativa das proteínas totais:**

O teor de proteínas totais foi determinado com o reagente de Folin-Ciocalteau, de acordo com Lowry *et al.* (1951). O homogenato de 5% do organismo (50 mg), com casca e sem casca, foi pesado e homogeneizado em 10 ml de ácido tricloroacético (TCA) a 10% gelado. O homogenato foi centrifugado a 3000 rpm numa centrífuga de refrigeração (Remi cooling centrifuge CLB-24) durante 10 minutos e o sobrenadante foi eliminado. O sedimento foi lavado com acetona gelada e novamente centrifugado a 8000 rpm durante 10 minutos. O sobrenadante foi novamente eliminado e o sedimento foi dissolvido em 10 ml de NaOH 1N e completado até 50 ml com água destilada. Desta solução, retirou-se 1 ml para um tubo de ensaio e adicionaram-se 5 ml de solução alcalina de cobre (50 ml de Na2CO3 a 2% e 1 ml de sulfato de cobre a 0,5% em tartarato de sódio e potássio a 1%). O conteúdo foi bem misturado e deixado em repouso durante 10 minutos. A intensidade da cor azul formada foi medida a 660 nm contra um branco de reagente, utilizando um espetrofotómetro (Elico). O teor de proteínas nas amostras de controlo e expostas foi calculado utilizando um gráfico padrão construído com concentrações de albumina de soro bovino (fração v) (40-µg/ml). Os valores foram expressos em mg/g de peso húmido do tecido.

**Lípidos totais:**
O teor total de lípidos dos tecidos foi estimado segundo o método de Pondey *et al.*, (1963). 5% de homogenato do organismo (50 mg), com casca e sem casca, foi misturado com 5 ml de uma mistura 2:1 (v/v) de clorofórmio-metanol e deixado em repouso durante 10 minutos. A mistura foi filtrada através de papel de filtro Whatman n.o 1 (previamente lavado com uma mistura de clorofórmio e metanol) para tubos de ensaio com rolha de vidro. O resíduo foi reextraído duas vezes com a mesma mistura de solventes e o extrato foi adicionado aos tubos de ensaio. Aos tubos de ensaio que contêm os extractos, adicionaram-se 0,2 ml de NaOH a 0,9%, misturando bem, e os tubos de ensaio foram tapados e mantidos no frigorífico durante a noite. A mistura, que se torna bifásica, contém o lípido purificado na fase inferior. A fase superior, que contém essencialmente contaminantes não-lipídicos, foi removida o mais completamente possível e a camada inferior de clorofórmio foi evaporada até à secura sob vácuo, mantendo-os num dessecador de vácuo. Os resíduos secos foram imediatamente tratados com 3 ml de solução de dicromato de potássio a 2% em ácido sulfúrico a 96% e os tubos de ensaio foram colocados num banho de água a ferver durante 10 minutos. Em seguida, as misturas foram arrefecidas em água corrente da torneira e adicionaram-se cuidadosamente 4,5 ml de água destilada ao longo dos lados do tubo de ensaio, misturando bem. Arrefecer novamente as misturas em água corrente da torneira e ler a intensidade da cor a 580 nm. Foram utilizados 3 ml de ácido crómico a 2% com 4,5 ml de água destilada como branco.
A concentração do lípido total no tecido húmido foi calculada diretamente a partir de um gráfico padrão traçado com colesterol e os resultados são apresentados em mg por grama de peso.
**Estimativa do ácido nucleico:**
Os ácidos nucleicos, ADN e ARN, foram estimados pelo método de Searchy e Machnnis (1970). Foi preparado um homogenato de cinco por cento do tecido ou da amostra em 5 ml de ácido perclórico 0,5 N e aquecido a 90° C durante 20 minutos. Após arrefecimento, o homogenato de tecido foi centrifugado a 3000 rpm durante 10 minutos. O sobrenadante foi separado em dois volumes iguais e utilizado para a análise do ADN e do ARN.
**ADN**: A primeira metade ou metade do homogenato foi misturada com 5 ml de reagente de difenilaminas e mantida em repouso durante 20 horas. Em seguida, a cor desenvolvida foi lida a
595 nm. O gráfico padrão foi envasado com ADN padrão (timo de vitelo) fornecido pela empresa sigma chemical com o método acima referido.
**ARN**: A outra parte do homogenato foi misturada com Dischi-Orcinol e aquecida a 90°C durante 5 minutos. Após arrefecimento à temperatura ambiente, a cor desenvolvida foi lida a 655 nm para o ARN. O ARN padrão (levedura de Baker) (sigma

chemical) foi dissolvido em ácido perclórico 0,5N e traçado num gráfico padrão e utilizado para a presente análise.

**ANÁLISE ELECTROFORÉTICA:**

**SDS-PAGE (eletroforese em gel de dodecil sulfato de sódio-poli-acrlamida):**

A eletroforese foi efectuada pelo método de Lammeli (1957).

**Preparação da amostra:**

Foi preparado um homogenato de um por cento do tecido em ácido acético triclorídrico a 10% e centrifugado a 8000 rpm durante 10 minutos numa centrífuga de arrefecimento. O sedimento foi lavado duas vezes com acetona arrefecida pelo gelo e novamente centrifugado a 8000 rpm durante 10 minutos. O sedimento foi dissolvido em tampão de amostra (tris-Hcl 0,5M - 2 ml (pH = 6,8), glicerol a 40% - 1,6 ml, SDS a 10% - 3,2 ml, alfa-mercaptoetanol - 0,8 ml, azul de bromofenol a 0,1% (p/v) - 0,4 ml) e fervido em banho-maria a 95° C durante 10 minutos.

**Preparação da placa de gel**:

A sanduíche da placa de vidro foi montada utilizando duas placas de vidro limpas e espaçadores de Teflon de 1 mm. As placas de vidro foram seladas com solução de ágar a 1%. Foi preparada uma solução de gel de resolução a 12,5% (Tris-Hcl 1,5M - 2 ml (pH 8,8), acrilamida a 30% - 3,2 ml, SDS a 10% - 0,5 ml, água bidestilada - 1,8 ml, TEMED - 0,015 ml, sulfato de amónio - 0,5 ml) e vertida entre as placas de vidro fixadas. Para evitar o aprisionamento de quaisquer bolhas de ar, a solução de gel foi coberta com água destilada. As placas foram deixadas sem perturbação durante 30 minutos para a polimerização do gel. Após a polimerização do gel, a água sobreposta foi removida e lavada com tampão de gel de empilhamento. Em seguida, preparou-se a solução de gel de empilhamento a 5% (Tris-Hcl 0,5M - 2 ml (pH 6,8), acrilamida a 30% - 0,8 ml, SDS a 10% - 0,5 ml, água bidestilada - 1,2 ml, TEMED - 0,015 ml, per sulfato de amónio a 1,5% - 0,5 ml), que foi vertida sobre o gel de resolução polimerizado e o pente foi inserido cuidadosamente. A placa de gel foi deixada sem ser mexida durante 15 minutos. Após a polimerização, o pente foi retirado cuidadosamente e as amostras preparadas foram colocadas nos poços, tendo o gel sido colocado a 60V.

**Método de coloração:**

1. As proteínas separadas por eletroforese através de SDS-PAGE foram fixadas colocando o gel em solução de fixação (60 ml de acetona a 50%, 1,5 ml de TCA a 50% e 25 μl de HCHO a 37%) durante 5 minutos com agitação suave.
2. A solução de fixação foi decantada e o gel foi lavado três vezes com água bidestilada durante 5 segundos.
3. O gel foi deixado em repouso em água bidestilada durante 10 minutos à temperatura ambiente, com agitação suave.

4. O passo 2 foi repetido novamente.
5. O gel foi colocado na solução de pré-tratamento I (60 ml de acetona a 60%) durante 5 minutos, com agitação suave.
6. A solução de pré-tratamento-I foi decantada e o gel foi colocado na solução de pré-tratamento-II (100 µl de Na2S2O3.5H2O a 10% em 60 ml de água bidestilada) durante alguns minutos com agitação suave.
7. O passo 2 foi repetido novamente.
8. O gel pré-tratado foi colocado numa solução impregnada (0,8 ml de AgN03 a 20%, 0,6 ml de HCHO a 37%, 60 ml de água bidestilada) durante 8 a 10 minutos à temperatura ambiente, com agitação suave.
9. O passo 2 foi repetido novamente.
10. O gel foi colocado numa solução de revelação (1,2 g de Na2CO3, 25 µl de HCHO a 37%, 25 µl de Na2S2O3.5H2O em 60 ml de água bidestilada) à temperatura ambiente. O gel foi lavado cuidadosamente até aparecer o contraste desejado das bandas de proteínas.
11. A solução de revelação foi decantada e a reação foi extinta por lavagem do gel em ácido acético a 1 por cento durante alguns minutos. Em seguida, o gel foi lavado várias vezes em água bidestilada e o gel do electroforetograma foi conservado em água.

**Determinação do peso molecular das subunidades proteicas separadas em SDS-PAGE:**

Para determinar o peso molecular das subunidades individuais da proteína, a mobilidade relativa das subunidades individuais foi calculada utilizando a seguinte fórmula.

$$\text{Mobilidade relativa } (R_m) \text{ Valor} = \frac{\text{Distância percorrida por uma subunidade individual}}{\text{Distância percorrida pelo corante do marcador}}$$

# CAPÍTULO - III

# RESULTADOS E DISCUSSÃO

## AVALIAÇÃO DA TOXICIDADE:

Os resultados do presente trabalho com referência à mortalidade percentual observada e à mortalidade probit juntamente com as concentrações logarítmicas em diferentes concentrações do tóxico, TATAMIDA (Imidacloprid 17.8% SL) no organismo de teste, *Leptestheriella nobilis* em sistema de renovação estática são dados na Tabela 3.1 a 3.4. No presente estudo, os valores LC50 calculados para 24, 48, 72 e 96 horas foram 0,8941, 0,7300, 0,6671, 0,6552 ppm, respetivamente.

Os valores LC50 juntamente com a concentração sub-letal selecionada do sistema de renovação estática durante 24, 48, 72 e 96 horas foram apresentados no Quadro 3.5. A percentagem de mortalidade e a mortalidade probit aumentaram com o aumento da concentração de imidaclopride. Os valores LC50 comunicados anteriormente para diferentes invertebrados aquáticos são apresentados no Quadro 3.6. Os valores LC50/LD50 comunicados do imidaclopride (17,8% SL) para os outros animais são apresentados no Quadro 3.7.

| S.N. | DOSE EM PPB | MORTALIDADE | PROBIT VALOR | LOG(100*DOSE) =X | X*X | Y*Y | XY |
|---|---|---|---|---|---|---|---|
| 1 | 0.4 | 30% | 4.4756 | 1.602059991 | 2.566596216 | 20.03099536 | 7.170179697 |
| 2 | 0.6 | 40% | 4.7467 | 1.778151250 | 3.161821869 | 22.53116089 | 8.440350540 |
| 3 | 0.8 | 50% | 5.0000 | 1.903089987 | 3.621751499 | 25.00000000 | 9.515449935 |
| 4 | 1.0 | 60% | 5.2533 | 2.000000000 | 4.000000000 | 27.59716089 | 10.50660000 |
| 5 | 1.2 | 70% | 5.5244 | 2.079181246 | 4.322994654 | 30.51899536 | 11.48622888 |
| | | | 25.00000 | 9.362482475 | 17.67316424 | 125.67831250 | 47.11880905 |
| | | | | | | | |
| | | | | | | | |
| | | X | 1.8724965 | | | | |
| | | Y | 5.0000000 | | | | |
| | | SXX | 0.1419486 | | | | |
| | | SYY | 0.6783125 | | | | |
| | | SXY | 0.3063967 | | | | |
| | | RANHURA B | 2.1585041 | | | | |
| | | VARIAÇÃO B | 0.7044803 | | | | |
| | | VARIANCE A | 2.5700791 | | | | |
| | | M | 1.8724965 | | | | |

LC50 = Antilog de log 100 x dose = m-2 antilog LC50 =0,8941 ppm.

| S.N. | DOSE EM PPB | MORTA LITY | PROBIT VALOR | LOG(100*DOSE) =X | X*X | Y*Y | XY |
|---|---|---|---|---|---|---|---|
| 1 | 0.4 | 30% | 4.4756 | 1.602059991 | 2.566596216 | 20.03099536 | 7.170179697 |
| 2 | 0.6 | 40% | 4.7467 | 1.77815125 | 3.161821869 | 22.53116089 | 8.440350540 |
| 3 | 0.8 | 50% | 5.0000 | 1.903089987 | 3.621751499 | 25.00000000 | 9.515449935 |
| 4 | 1.0 | 70% | 5.5244 | 2.000000000 | 4.000000000 | 30.51899536 | 11.04880000 |
| 5 | 1.2 | 90% | 6.2816 | 2.079181246 | 4.322994654 | 39.45849856 | 13.06058492 |
| | | | 26.0283 | 9.362482475 | 17.67316424 | 137.5396502 | 49.23536509 |
| | | | | | | | |
| | | | | | | | |
| | | X | 1.8724965 | | | | |
| | | Y | 5.2056600 | | | | |
| | | SXX | 0.1419486 | | | | |
| | | SYY | 2.0451700 | | | | |
| | | SXY | 0.4974646 | | | | |
| | | RANHUR A B | 3.5045397 | | | | |
| | | VARIAÇÃ O B | 0.7044803 | | | | |
| | | VARIA NCE A | 2.5700791 | | | | |
| | | M | 1.8138126 | | | | |

LC50 = Antilog de log 100 x dose = m-2 antilog
LC50 =0,7300 ppm

| S.N. | DOSE EM PPB | MORTALI DADE | PROBIT VALOR | LOG(100*DOSE) =X | X*X | Y*Y | XY |
|---|---|---|---|---|---|---|---|
| 1 | 0.3 | 20% | 4.1584 | 1.477121255 | 2.181887201 | 17.29229056 | 6.14246102 |
| 2 | 0.5 | 40% | 4.7467 | 1.698970004 | 2.886499076 | 22.53116089 | 8.06450092 |
| 3 | 0.7 | 50% | 5.0000 | 1.84509804 | 3.404386777 | 25.00000000 | 9.22549020 |
| 4 | 0.9 | 70% | 5.5244 | 1.954242509 | 3.819063786 | 30.51899536 | 10.79601732 |
| 5 | 1.1 | 80% | 5.8416 | 2.041392685 | 4.167284095 | 34.12429056 | 11.92499951 |
| | | | 25.2711 | 9.016824494 | 16.45912093 | 129.4667374 | 46.15346897 |
| | | | | | | | |
| | | | | | | | |
| | | X | 1.8033649 | | | | |
| | | Y | 5.0542200 | | | | |
| | | SXX | 0.1984961 | | | | |
| | | SYY | 1.7410383 | | | | |
| | | SXY | 0.5804543 | | | | |
| | | RANHUR A B | 2.9242597 | | | | |
| | | VARIAÇÃ O B | 0.5037881 | | | | |
| | | VARIA NCE A | 1.7383819 | | | | |
| | | M | 1.7848235 | | | | |

LC50 = Antilog de log 100 x dose = m-2 antilog
LC50 =0,6671 ppm

| S.N. | DOSE EM PPB | MORTA LITY | PROBIT VALOR | LOG(100*DOSE) =X | X*X | Y*Y | XY |
|---|---|---|---|---|---|---|---|
| 1 | 0.3 | 20% | 4.1584 | 1.477121255 | 2.181887201 | 17.29229056 | 6.142461026 |
| 2 | 0.5 | 30% | 4.4756 | 1.698970004 | 2.886499076 | 20.03099536 | 7.603910151 |
| 3 | 0.7 | 50% | 5.0000 | 1.845098040 | 3.404386777 | 25.00000000 | 9.225490200 |
| 4 | 0.9 | 70% | 5.5244 | 1.954242509 | 3.819063786 | 30.51899536 | 10.79601732 |
| 5 | 1.1 | 90% | 6.2816 | 2.041392685 | 4.167284095 | 39.45849856 | 12.82321229 |
| | | | 25.4400 | 9.016824494 | 16.45912093 | 132.3007798 | 46.59109099 |
| | | | | | | | |
| | | | | | | | |
| | | X | 1.8033649 | | | | |
| | | Y | 5.0880000 | | | | |
| | | SXX | 0.1984961 | | | | |
| | | SYY | 2.8620598 | | | | |
| | | SXY | 0.7134880 | | | | |
| | | RANHUR A B | 3.5944676 | | | | |
| | | VARIA NCE B | 0.5037881 | | | | |
| | | VARIA NCE A | 1.7383819 | | | | |
| | | M | 1.7788828 | | | | |

LC50 = Antilog de log 100 x dose = m-2 antilog

LC50 =0,6552 ppm

**Quadro 3.5. Os** valores LC50 e concentrações sub-letais seleccionadas de imidaclopride (TATAMIDA) em camarões-da-índia, *Leptestheriella nobilis.*

| S.N. | Período de exposição | Valores LC50 ppm | Contagem sub-letais selecionada ppm |
|---|---|---|---|
| 1. | 24 h | 0.8941 | 0.08941 |
| 2. | 48 h | 0.7300 | 0.07300 |
| 3. | 72 h | 0.6671 | 0.06671 |
| 4. | 96 h | 0.6552 | 0.06552 |

Os valores LC50 do imidaclopride para o crustáceo de água doce *Hyalella azteca*, o crustáceo estuarino *Mysidopsis bahia* e uma pulga de água doce *Daphnia* (Kidd e James, 1994) são 55 ppb, 37 ppb e 85 ppb, respetivamente.

A toxicidade do imidaclopride para os peixes é comparativamente elevada. O LC50 de 96 h do imidaclopride é de 211 mg/l a 15,4°C para *Oncorhynchus mykiss,* 280 mg/l a 24°C para *Cyprinus carpio* (carpa) e 237 mg/l a 21°C para *Leuciscusidus melanotus* (orfe dourado) (Kidd e James, 1994). Anthony Reddy, 2004 comunicou que o valor LC50 de 48 h do Confidor (Imidaclopride 17,8% SL) para o peixe *Labeo rohita* era de 13.710 ppm.

No presente estudo, observou-se que os valores LC50 de 24, 48, 72 e 96 h do camarão de água doce *Leptestheriella nobilis* foram 0,8941, 0,7300, 0,6671, 0,6552 ppm, respetivamente. As concentrações sub-letais seleccionadas [1/10$^{th}$ de 48 h LC50 e 1/5$^{th}$ de 48 h LC50] para *L. nobilis* foram 0,07300 e 0,0146 ppm.

Kamshilov e Flerov (1976) registaram uma toxicidade do fenol de 47 ppm para 48 h LC50 para o camarão *Lynceus brachyunus.* Willis e Nichlos Ling (2003) registaram valores EC50 de 48 horas para náuplios e copépodes para o benzoato de emamectina, um pesticida para a aquicultura, com uma gama de 0,12 ppb a 232 ppb. Os copépodes calanóides, (*Acartia clausi, Pseudocalanus elongates, Temora longicornis*) responderam de forma semelhante ao benzoato de emamectina e foram significativamente mais sensíveis do que o ciclopóide *Oithora similis* ($p<0,05$). Dos calanóides, os adultos de *Temora longicornis* foram significativamente mais tolerantes com um valor de EC50 de 48 horas de 2,81 µg/l, enquanto os valores de EC50 de 48 horas foram mais baixos para *Pseudocalanus elongatus*. Com exceção de *Acartia clausi*, os adultos foram a fase de vida mais tolerante, enquanto a resposta dos náuplios e copepoditos foi geralmente muito semelhante para todas as espécies. O valor mais baixo de EC50 em 48 horas para os náuplios de *Pseudocalanus elongatus* foi de 0,12 µg/l, que foi 2000 vezes inferior ao dos adultos de *Oithora similis* (232 µg/l).

**Quadro 3.6.** Valores LC50 registados de imidaclopride para invertebrados aquáticos

| S.N. | Aquático Invertebrados | Período de exposição | Concentração | Referência |
|---|---|---|---|---|
| 1. | Pulga de água (*Daphnia magna* ) | 48 h LC50 | 85 mg/l | Fossen, 2006 |
| | | 48 h LC50 | 10,4 mg/l | Sony *et al.* ,1997 |
| | | 21dias LOECrepr | 7,3 mg/l | Young e Blankemore, 1990 |
| 2. | Ampóide (*Hyalella azteca* ) | 96 h LC50 (juvenis) | 0,526 mg/l | SERA, 2005 |
| | | 96 h LC50 (14-21 dias de idade) | 51,8 mg/l | " |
| | | 96 h LC50 (7 - 21 dias de idade) | 94,8 mg/l | " |
| | | 96 h CCEO imediatamente (juvenis) | 0,00097 mg/l | " |
| | | 96h CCEO (14-21 dias de idade) | 43,8 mg/l | " |
| | | NOEC imediato (7 - 21 dias de idade) | 94,8 mg/l | " |
| 3. | Ácaro ( *Chironomus tentans* ) | 96 h LC50 ($2^{nd}$ instar) | 0,0105 mg/l | SERA, 2005 |
| | | 96 h LOLC ($2^{nd}$ instar) | 0,00339 mg/l | " |

| S.N. | Espécie de ensaio | Período de exposição | Concentração |
|---|---|---|---|
| 1 | Algas verdes (*Pseudokirchneriella subcapitat* a 23°C) | 72h EC50 | >100mg/l |
| 2 | Crustáceo de água doce (*Hydaella azteca*) | LC50 | 55 ppb |
| 3 | Crustáceo do estuário (*Mysidopsis bahia*) | LC50 | 37 ppb |
| 4 | *Daphnia magna* a 20°C | 48 h EC50 | 85 µg/l |
| 5 | Abelhas *Apis mellifira* | LD50 (toxicidade oral) LD50 (toxicidade contractiva) | 3,7 - 40,9 ng/abelha<br>81 ng/abelha |
| 6 | Minhoca: *Eisenia fitida* | LC50 | Entre 2 e 4 ppm no solo |
| 7 | Peixes:Ouriço dourado (*Leuciscucidus melanotus* a 21°C) | 96 h LC50 | 237 mg/l |
| 8 | Peixes:Truta arco-íris (*Oncorhynchus mykiss* a 15,4°C) | 96 h LC50 | 211 mg/l |
| 9 | Peixe:carpa (*Cyprinus carpio* a 24°C) | 96hLC50 | 280 mg/l |
| 10 | Peixes: *Labeo rohita* | LC50 | 14,256 g/l |
| 11 | AveC codorniz japonesa (*Coturnix coturnix japonica* ) | DL50 | 31 mg/kg bw (peso corporal) |
| 12 | Ave:codorniz bobwhite (*Colinus virginianus*) | DL50 | 152 mg/kg de peso corporal |
| 13 | Ave:pato-real (*Anas platyrhynchos* ) | DL50 | 283 mg/kg de peso corporal |
| 14 | Pardal doméstico, codorniz japonesa, canário e pombo | DL50 | Menos de 50 mg/kg |

O potencial de um pesticida para causar efeitos adversos nos organismos aquáticos depende da sua toxicidade inerente para um organismo específico e da exposição do organismo ao composto em termos de concentrações e duração. A toxicidade inerente de um composto tem uma relação específica com o organismo e a substância química. A toxicidade de um tóxico depende da avaliação dos organismos-alvo, ou seja, da CL50 (concentração letal que causa 50% de mortalidade nas espécies de ensaio). No caso dos animais aquáticos, a toxicidade é expressa em concentração letal (CL50), enquanto que nos animais terrestres é expressa em dose letal (DL50). Os microinvertebrados aquáticos desempenham um papel importante no diagnóstico da presença de substâncias químicas tóxicas no meio através da sua presença ou ausência, indicando a avaliação do perigo em toxicologia aquática.

O inseticida selecionado tem sido cada vez mais utilizado desde 1991 (Elbert *et al.*, 1991) e constitui o grupo de crescimento mais rápido introduzido no mercado, designado por neonicotinóides (Tomizawa e Casida, 2003). Funciona como um agonista dos receptores nicotínicos pós-sinápticos da acetilcolina (Matsuda *et al.*, 2001), propagando o processo neural normal, e é utilizado principalmente para controlar insectos sugadores nas culturas (Tomlin, 1997; Tomizawa e Casida, 2005). O imidaclopride é um potencial contaminante das águas subterrâneas e superficiais (base de dados PAN Pesticide, 2006) porque pode lixiviar e escorrer do solo e das culturas (Felsot *et al.,* 1998; Gonzalez -pradas *et al.,* 1999; Armbrust e Peeler, 2002; Gupta *et al.*, 2002; Fossen, 2006). Pode entrar nas massas de água através de pulverizações ou derrames acidentais, conduzindo a contaminações locais de fontes pontuais.

## PARÂMETROS BIOQUÍMICOS:

### CARBOHIDRATOS (Glicogénio):

Os valores calculados do glicogénio total, juntamente com o desvio padrão e a variação percentual em relação ao controlo, são apresentados no Quadro 3.8 e na Fig. 3.1. Os valores foram expressos em mg/g de peso húmido dos organismos.

No presente estudo, foi observada uma diminuição gradual dos níveis de glicogénio com o aumento do tempo de exposição e da dose. A diminuição máxima foi observada durante 48 horas de exposição letal. Uma vez que os organismos não conseguiram sobreviver durante mais de 48 horas de exposição letal, os resultados de 72 e 96 horas não puderam ser estimados. Em contrapartida, nas exposições sub-letais de 72 e 96 horas, verificou-se que os níveis de glicogénio total continuaram a diminuir.

Embora se tenha verificado uma ligeira variação nos camarões-ostra (*L. nobilis)* com e sem concha, a diminuição percentual do glicogénio em ambos foi comum. Observou-se uma ligeira variação na diminuição percentual do glicogénio nos organismos sem carapaça, ou seja, uma maior diminuição percentual.

Os hidratos de carbono são considerados os primeiros dos nutrientes orgânicos a serem esgotados e degradados em resposta a condições de stress impostas aos animais (Clarke, 1975). A exposição dos animais a pesticidas afecta o metabolismo dos hidratos de carbono. Dayananda Reddy *et al.* (1984) observaram uma diminuição progressiva e significativa dos níveis de hidratos de carbono totais e de glicogénio em 12 horas a 168 horas de exposição da minhoca *Lapetomauritii* a uma concentração sub-letais de sumitião. Coglianese e Neff (1982) referiram que a exposição do caranguejo-azul, *Callinectes sapidus*, a concentrações sub-letais de PCP provocou uma rápida elevação da concentração de glucose na hemolinfa, acompanhada de uma depleção das reservas de glicogénio hepatopancreático e gonadal.

Fingerman *et al.* (1981) observaram que o caranguejo de água doce, *Barytelphusa gueeini*, quando exposto ao DDT, provocava uma resposta hiperglicémica semelhante. A exposição crónica sub-aguda de *Oziotelphusa senex senex* durante 15 a 30 dias ao sumitião resultou num aumento do glicogénio hepatopancreático em ambos os períodos de ensaio (Sreenivasulu Reddy *et al.,* 1982a). O caracol-maçã, *Pila globosa,* quando exposto ao sumitião, mostrou depleção de glicogénio no hepatopâncreas e no pé (Rama Rao e Ramamurthi, 1980). Os níveis de glicogénio diminuíram no fígado, na pata e no manto do mexilhão *Lamellidens marginalis* quando exposto a uma dose sub-letal de fosfamidão após 48 horas (Moorthy *et al.*, 1983). Foi observada uma diminuição dos hidratos de carbono totais no caracol exposto ao malatião, *Pila globosa,* após 48 horas (Kabeer Ahamad *et al.*, 1979). A elevada depleção do teor de glicogénio do hepatopâncreas de *Pila globosa* após 48 horas de exposição a 5 ppm de malatião foi sugerida como sendo devida a um fenómeno de stress (Kabeer Ahamad et *al.*, 1979). Os resultados do presente estudo também estão de acordo com os valores registados por diferentes autores.

**Tabela 3.8.** Alterações no teor de glicogénio (mg/g de peso húmido do tecido) da amêijoa, *L. nobilis,* sob exposição a concentrações letais e sub-letais de imidaclopride (TATAMIDA) em diferentes períodos de tempo.

| **Período de exposição** | **Concentração letal** | | | | **Concentração sub-letais** | | | |
|---|---|---|---|---|---|---|---|---|
| | Com concha | Variação em % | Sem concha | Variação em % | Com concha | Variação em % | Sem concha | Variação em % |
| Controlo | 17.73 ±0.0239 | | 15.42 ±0.0365 | | 17.73 ±0.0239 | | 15.42 ±0.0365 | |
| 12 h | 11.28 ±0.0207 | 36.37 | 12.85 ±0.0270 | 16.66 | 15.622 ±0.0239 | 11.88 | 14.20 ±0.0289 | 7.911 |
| 24 h | 10.42 ±0.0305 | 41.22 | 10.71 ±0.0241 | 30.54 | 14.858 ±0.0286 | 16.07 | 13.87 ±0.0303 | 10.05 |
| 48 h | 10.20 ±0.0321 | 42.47 | 10.21 ±0.0316 | 33.78 | 14.27 ±0.0270 | 19.51 | 13.24 ±0.0316 | 14.13 |
| 72 h | - | - | - | | 13.97 ±0.0336 | 21.20 | 12.85 ±0.0286 | 16.66 |
| 96 h | - | - | | | 13.24 ±0.0259 | 25.32 | 12.42 ±0.0207 | 19.45 5 |

Os valores são as médias de cinco observações: (±) indica o desvio padrão. Os valores são significativos a P>0,05

**Fig. 3.1.** Alteração do teor de glicogénio (mg/g de peso húmido dos tecidos) de *L. nobilis* sob exposição a concentrações sub-letais e letais de imidaclopride (TATAMIDA) em diferentes períodos de tempo.

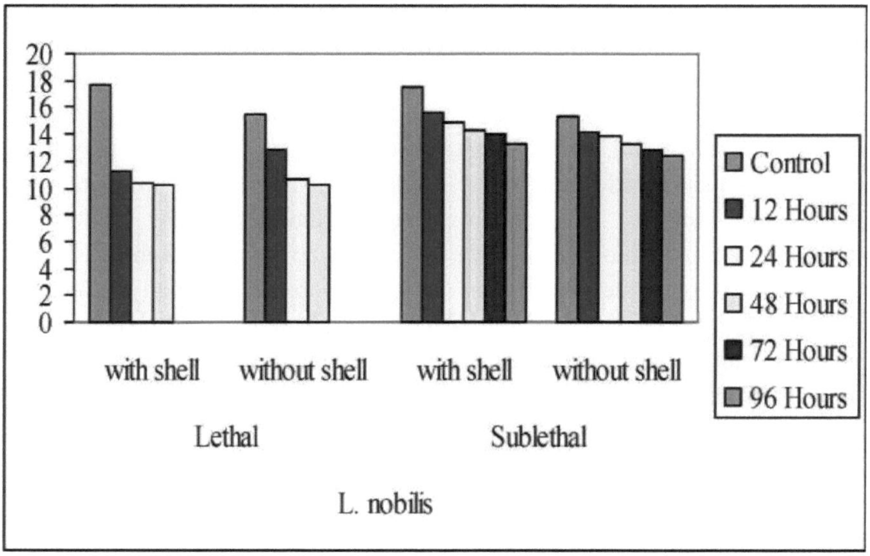


**PROTEÍNA:**

As alterações no teor total de proteínas sob exposição ao imidaclopride (TATAMIDA), juntamente com o desvio padrão e a alteração percentual em relação ao controlo, são apresentadas no Quadro 3.9 e na Fig. 3.2.

No presente estudo, observou-se uma diminuição gradual dos níveis de proteínas totais com o aumento do tempo de exposição e da dose. A diminuição foi mais pronunciada nas exposições sub-letais do que no controlo, tanto nos organismos com casca como nos organismos sem casca. A diminuição máxima foi observada numa exposição letal de 48 horas. Uma vez que os organismos não conseguiram sobreviver a mais de 48 horas de exposição letal, os resultados de 72 e 96 horas não puderam ser estimados. Em contrapartida, nas exposições sub-letais de 72 e 96 horas, verificou-se que os decréscimos nos níveis de proteínas totais continuaram a diminuir. A diminuição das proteínas totais pode ser uma consequência de uma proteólise intensa.

Embora se tenha verificado uma pequena variação nos camarões clam (*L. nobilis*) com casca e sem casca, a diminuição percentual das proteínas totais em ambos foi comum. Observou-se uma ligeira variação na diminuição da percentagem de proteínas totais nos organismos sem casca, ou seja, uma diminuição superior.

As proteínas são um dos principais constituintes do corpo animal e são de grande importância não só devido às suas propriedades químicas e fisiológicas peculiares, mas também porque aparecem em vários tipos de células com a sua especificidade biológica. A sua principal função não é apenas fornecer energia, mas também certos componentes essenciais dos tecidos do próprio organismo. Sabe-se que o metabolismo das proteínas é afetado pela toxicidade dos pesticidas. A exposição de *Mus booduga* a BHC (Cloreto de Benzeno Hexa) durante 24 horas provocou uma hiperproteinemia (Sreenivasulu Reddy *et al.*, 1982). Rama Rao e Ramamurthi (1981a) registaram uma diminuição do teor proteico da pata e do hepatopâncreas de *Pila globosa* após exposição ao sumitião. Foi observada uma diminuição das proteínas no hapatopâncreas, pé e manto de *Pila globosa* expostos ao matatião (Kabeer Ahamed *et al.*, 1978). A exposição de *Lamellidens marginalis* ao metilparatião resultou numa diminuição significativa das proteínas solúveis e estruturais dos tecidos da pata e do manto e num aumento insignificante do tecido hepatopancreático (Sivaprasada Rao *et al.*, 1980). Foi observada uma diminuição significativa do teor de proteínas nas quatro regiões do cérebro da *Tilapia mossambicus* aquando da exposição ao melatião (Muthunagai, 1984) e ao fosfamidão (Rajeswari, 1982). No presente estudo, os resultados obtidos estavam de acordo com os estudos relatados.

| **Período de exposição** | **Concentração letal** | | | | **Concentração sub-letais** | | | |
|---|---|---|---|---|---|---|---|---|
| | Com concha | Variação em % | Sem concha | Variação em % | Com concha | Variação em % | Sem concha | Variação em % |
| Controlo | 28.24 ±0.0158 | | 28.422 ±0.0192 | | 28.24 ±0.0158 | | 28.422 ±0.0192 | |
| 12 h | 23.426 ±0.0241 | 17.04 | 20.622 ±0.0238 | 27.44 | 15.798 ±0.0192 | 44.05 | 17.908 ±0.0268 | 36.99 |
| 24 h | 20.46 ±0.0158 | 27.54 | 18.284 ±0.0207 | 35.66 | 15.00 ±0.0299 | 46.88 | 14.996 ±0.0241 | 47.23 |
| 48 h | 18.964 ±0.0207 | 32.84 | 17.62 ±0.0223 | 38.00 | 13.60 ±0.0255 | 51.84 | 19.992 ±0.0286 | 29.65 |
| 72 h | | | | | 13.00 ±0.0254 | 53.96 | 16.654 ±0.0241 | 41.40 |
| 96 h | | | | | 12.196 ±0.0270 | 56.81 | 15.988 ±0.0192 | 43.74 |

Os valores são as médias de cinco observações: (±) indica o desvio padrão. Os valores são significativos a P>0,05

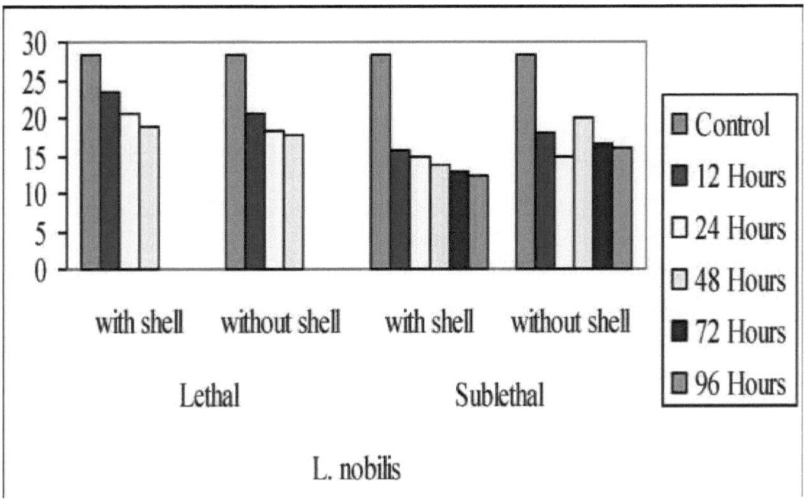


**LIPÍDEOS:**

As alterações no teor total de lípidos sob exposição ao imidaclopride (TATAMIDA), juntamente com os desvios padrão e a percentagem de alteração em relação ao controlo, são apresentadas no Quadro 3.10 e na Fig. 3.3.

Foi observada uma diminuição drástica dos níveis de lípidos totais com o aumento do tempo de exposição e da dose nas exposições letais do presente estudo. Ao passo que na exposição sub-letal, tanto nos organismos com casca como nos organismos sem casca, foi observada uma ligeira diminuição do teor de lípidos em relação ao controlo durante todo o período de estudo. A diminuição máxima foi observada durante 48 horas de exposição letal. Uma vez que os organismos não conseguiram sobreviver a mais de 48 horas de exposição, os resultados de 72 e 96 horas não puderam ser estimados. Em contrapartida, nas exposições sub-letais de 72 e 96 horas, verificou-se que os decréscimos nos níveis totais de lípidos continuaram a diminuir.

Verificou-se uma pequena variação nos camarões-ostra (*L. nobilis*) com casca e sem casca. No entanto, a diminuição percentual dos lípidos totais em ambos foi comum. Observou-se uma ligeira variação na diminuição percentual dos lípidos totais nos organismos sem concha, ou seja, uma maior diminuição percentual.

| **Período de exposição** | **Concentração letal** | | | | **Concentração sub-letais** | | | |
|---|---|---|---|---|---|---|---|---|
| | Com concha | Variação em % | Sem concha | Variação em % | Com concha | Variação em % | Sem concha | Variação em % |
| Controlo | 40.84 ±0.0255 | | 51.61 ±0.0255 | | 40.84 ±0.0255 | | 51.61 ±0.0255 | |
| 12 h | 19.846 ±0.0371 | 51.34 | 18.84 ±0.0158 | 63.49 | 35.742 ±0.0192 | 12.48 | 43.28 ±0.0158 | 16.14 |
| 24 h | 14.628 ±0.0396 | 64.18 | 14.84 ±0.0158 | 71.24 | 34.28 0±.0158 | 16.06 | 41.424 ±0.0207 | 19.73 |
| 48 h | 9.07 ±0.0158 | 77.79 | 9.226 ±0.0207 | 82.12 | 32.826 ±0.0241 | 19.62 | 40.616 ±0.0207 | 21.30 |
| 72 h | | | | | 30.258 ±0.0286 | 25.91 | 38.224 ±0.0241 | 25.93 |
| 96 h | | | | | 29.24 ±0.0255 | 28.40 | 36.472 ±0.0259 | 29.33 |

Os valores são as médias de cinco observações: (±) indica o desvio padrão. Os valores são significativos a P>0,05

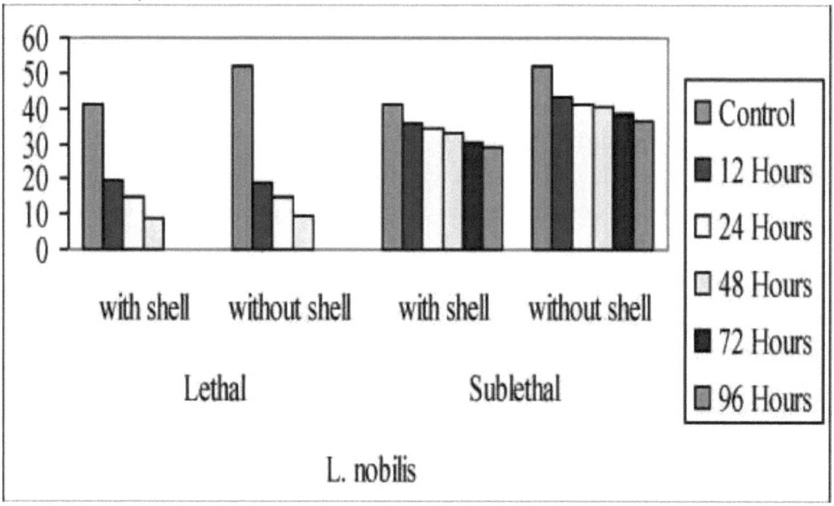


A seguir aos hidratos de carbono, as gorduras são os melhores produtores de energia do organismo. A forma mais preferida de alimento armazenado é a gordura. Nenhuma outra forma de alimento pode ser armazenada em quantidades tão grandes (Conn e Stumpf, 1972). Foi demonstrado que a administração de pesticidas altera o metabolismo lipídico em vários organismos. O stress sub-letais dos tóxicos nos organismos é geralmente medido através do processo de alterações metabólicas. A concentração total de colesterol na hemolinfa diminuiu no caranguejo *Callinectes sapidus* exposto ao penta clorofenol (Coglianese e Neff, 1982). Foi observada uma diminuição do teor de lípidos no fígado de *Channa punctatus* exposta ao endossulfão técnico (Devi, 1980). A aplicação de lindano à barata *Periplaneta americana* provocou uma elevação das reservas de acilglicerol do corpo adiposo (Orr e Downer, 1982). O organofosforado DDVP induziu um aumento dos níveis regionais de lípidos totais e de colesterol e uma diminuição dos fosfolípidos em diferentes regiões do cérebro de ratos (Tayyaba e Hasan, 1980). Foram comunicados os efeitos de três pesticidas (endosulfan, malatião e metilparatião) nos níveis de lípidos dos tecidos do bivalve estuarino *Villorita cyprinoids* var. *cochinensis*. A ordem de toxicidade foi endosulfan>malatião>paratião metílico. A redução do teor de lípidos foi também expressa em função da concentração do pesticida e da duração dos períodos de exposição (24, 48, 72 e 96 h).

Os resultados apontam para a existência de uma relação direta entre o stress aplicado e a diminuição do teor de lípidos. A diminuição do teor de lípidos observada pode refletir uma resposta adaptativa do organismo ao stress provocado pelos pesticidas. Assim, os lípidos nos bivalves demonstraram ser um material de reserva importante que pode ser utilizado em condições de stress como fonte de energia (Sujatha *et al.*, 1995). Os resultados do presente estudo também revelam a tendência para a redução dos lípidos nos organismos testados.

**ÁCIDOS NUCLEICOS:**

Os valores calculados de ADN, juntamente com o desvio padrão e a percentagem de alteração em relação ao controlo, são apresentados no Quadro 3.11 e na Fig. 3.4. Os resultados do quadro indicam níveis diferentes de ADN nos organismos com e sem casca. Nas exposições letais, não se verificou uma alteração significativa do teor de ADN em relação ao controlo. No entanto, observou-se um ligeiro aumento em relação aos organismos de controlo. Este facto pode dever-se ao abaulamento do núcleo em concentrações letais. O nível de ADN indica o número de células (Goss, 1966) e é constante para uma espécie. De acordo com Holbrook (1980), a incorporação de timidina no ADN hepático aumenta após 1-3 dias de administração de vários tóxicos. Durai raj e Selvarajan (1992) revelaram o aumento dos núcleos nas células secretoras de cloreto em *Channa striatus* exposta a metasystox e *Oreochromis mosambicus* a quinolfos, respetivamente. Não foram observadas alterações significativas noutros tecidos (Koteswara Rao, 2003).

Na exposição sub-letais, observou-se no presente estudo uma diminuição gradual dos níveis de ADN com o aumento do tempo de exposição e da dose. Mesmo nas 24 horas de exposição sub-letais nos organismos sem concha, o teor de ADN aumentou, aproximando-se do nível de controlo, ao passo que, nos períodos de exposição posteriores, se observou uma diminuição gradual. A diminuição máxima foi observada numa exposição sub-letais de 96 h com casca.

A diminuição percentual do ADN nos camarões com e sem concha foi comum, embora se tenha registado uma pequena variação em ambos. Observou-se uma ligeira variação no decréscimo percentual de ADN nos organismos sem concha, ou seja, um decréscimo percentual maior.

| **Período de exposição** | **Concentração letal** | | | | **Concentração sub-letais** | | | |
|---|---|---|---|---|---|---|---|---|
| | Com concha | Variação em % | Sem - concha | Variação em % | Com concha | Variação em % | Sem concha | Variação em % |
| Controlo | 3.4276 ±0.0021 | | 4.0008 ±0.0026 | | 3.4276 ±0.0021 | | 4.0008 ±0.0026 | |
| 12 h | 3.4962 ±0.0019 | 2.00 | 4.2714 ±0.0021 | 6.76 | 3.1422 ±0.0024 | 8.32 | .5714 ±0.0021 | 35.72 |
| 24 h | 3.5162 ±0.0026 | 2.58 | 4.2854 ±0.0023 | 7.11 | 2.7122 ±0.0015 | 20.87 | 3.8566 ±0.0021 | 3.604 |
| 48 h | 3.5714 ±0.0021 | 4.195 | 4.2566 ±0.0021 | 6.39 | 2.008 ±0.0032 | 41.41 | 2.3212 ±0.0019 | 41.98 |
| 72 h | | | | | 1.4276 ±0.0021 | 58.34 | 2.142 ±0.0022 | 46.46 |
| 96 h | | | | | 1.1422 ±0.0019 | 66.67 | 1.6074 ±0.0027 | 59.82 |

Os valores são as médias de cinco observações: (±) indica o desvio padrão. Os valores são significativos a P>0,05

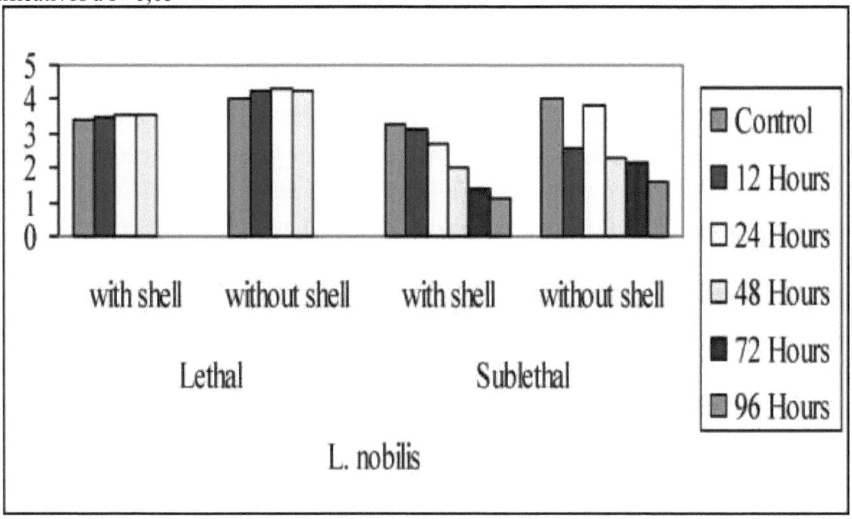


As alterações no conteúdo de ARN sob exposição ao imidaclopride (TATAMIDA), juntamente com os desvios padrão e a percentagem de alteração em relação ao controlo, são apresentadas no Quadro 3.12 e na Fig. 3.5.

No presente estudo, foi observada uma diminuição gradual dos níveis de ARN com o aumento do tempo de exposição e da dose. A diminuição máxima foi observada sob exposição letal de 48 horas. Esta diminuição do ARN pode dever-se ao stress do organismo, que consome mais energia para ultrapassar as condições de stress. Uma vez que os organismos não conseguiram sobreviver a mais de 48 h de exposição, os resultados de 72 e 96 h não puderam ser estimados. Em contrapartida, nas exposições sub-letais de 72 e 96 horas, verificou-se que os decréscimos nos níveis de ARN continuaram.

Embora se tenha registado uma pequena variação nos camarões com e sem concha, a diminuição percentual do ARN em ambos foi comum. Observou-se uma ligeira variação no decréscimo percentual de ARN nos organismos sem concha, ou seja, um decréscimo percentual maior. No entanto, na exposição sub-letais de 12 h, o conteúdo de ARN aumentou ligeiramente em relação ao controlo.

**Tabela 3.12.** Alterações no ARN (mg/g de peso húmido do tecido) do camarão-da-praia *L.noblis* sob exposição a concentrações letais e sub-letais de TATAMIDA em diferentes períodos de tempo

| **Período de exposição** | **Concentração letal** | | | | **Concentração sub-letais** | | | |
|---|---|---|---|---|---|---|---|---|
| | Com concha | Variação em % | Sem concha | Variação em % | Com concha | Variação em % | Sem - concha | Variação em % |
| Controlo | 4.66 ±0.0274 | - | 4.856 ±0.0207 | - | 4.66 ±0.0274 | - | 4.856 ±0.0207 | - |
| 12 h | 3.002 ±0.0239 | 35.57 | 2.336 ±0.0241 | 51.89 | 3.504 ±0.0207 | 24.80 | 5.20 ±0.0223 | 7.08 |
| 24 h | 2.834 ±0.0207 | 39.18 | 1.826 ±0.0207 | 62.39 | 2.332 ±0.0239 | 49.95 | 2.702 ±0.0192 | 44.35 |
| 48 h | 2.66 ±0.0274 | 42.91 | 1.338 ±0.0259 | 72.44 | 1.66 ±0.0255 | 64.37 | 2.508 ±0.0259 | 48.35 |
| 72 h | - | - | - | - | 1.502 ±0.0192 | 67.76 | 1.664 ±0.0167 | 65.733 |
| 96 h | - | - | - | - | 1.162 ±0.0239 | 75.06 | 1.044 ±0.0207 | 78.50 |

Os valores são as médias de cinco observações: (±) indica o desvio padrão. Os valores são significativos a P>0,05

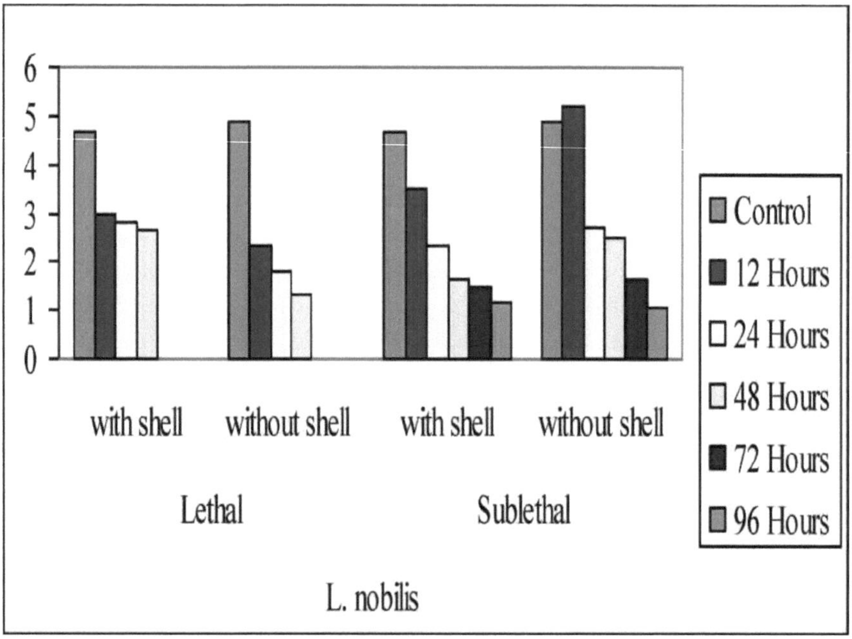


O elctroforetograma representa a alteração da intensidade das subunidades proteicas de *Leptestheirella nobilis expostas* ao imidaclopride (TATAMIDA) quando comparadas com o controlo. Entre os organismos expostos ao pesticida, as proteínas dos organismos expostos à exposição letal desvaneceram-se drasticamente em relação aos organismos expostos a 1/5 e 1/10 da exposição sub-letais. A diminuição geral das subunidades proteicas é gradual, de acordo com o aumento da dose e do período de exposição. A ordem de decréscimo foi 24>48>72>96 horas.

Algumas subunidades proteicas entre 1, 17.000 Daltons e 85.000 Daltons desapareceram completamente. Enquanto que as subunidades proteicas entre 85.000 e 49.000 Daltons com valores Rm 0,08, 0,13, 0,16 desapareceram em 24, 48 e 72 h. Algumas delas desapareceram completamente em 96 h de exposição sub-letal 1/5 (Tabela 3.13, 3.14, 3.15 e 3.16 e Placa III.1, III.2, III.3 e III.4). Embora as subunidades proteicas entre 34.000 e 25.000 Daltons com valores Rm 0,26, 0,39, 0,41, 0,41 e 0,45 não tenham desaparecido completamente, o desvanecimento intensifica-se com o período de exposição. Entre as subunidades proteicas entre 25.000 e 19.000 Daltons com os valores de Rm 0,54, 0,56, 0,59, 0,76 e 0,86 dos organismos expostos, algumas subunidades desapareceram e as restantes subunidades desvaneceram-se.

Os relatórios anteriores sobre as alterações das subunidades proteicas em condições de stress eram escassos. No entanto, no caso das amêijoas e dos camarões, não existem relatórios deste tipo. No caso dos peixes, existem alguns relatórios sobre os trabalhos efectuados neste sentido.

Os pesticidas podem inibir a expressão de alguns genes ou ativar outros para produzir mRNAs específicos que podem subsequentemente ser traduzidos em proteínas específicas chamadas proteínas induzidas pelo stress (Adam e Rinne, 1982; Pelham, 1985; Munav e Pelham, 1985). Foram observadas alterações das proteínas em peixes expostos a vários tipos de stress ambiental devido a metais e pesticidas. O stress provocado por pesticidas causa alterações nas proteínas séricas (Jyothirmayee *et al.*, 2006; Loughna e Gold spink, 1984; Koban *et al.*, 1988).

Tripathi e Shukla (1990a&b) efectuaram SDS-PAGE de fracções de proteínas citoplasmáticas do fígado e do músculo esquelético de *Clarias batrachus* expostas ao endossulfão e ao metilparatião durante 1 a 28 dias. O aparecimento de novas bandas proteicas em diferentes intervalos de tempo após a exposição ao pesticida demonstrou claramente alterações nas proteínas do citoplasma. Estas alterações no padrão das bandas proteicas em resposta à exposição a pesticidas podem ser atribuídas a alterações na renovação (síntese/degradação de várias proteínas).

Jyothirmayee *et al.* (2005) realizaram uma eletroforese em gel de poliacrilamida para

O endossulfão induziu alterações no padrão de LDH em peixes de água doce, *Anabas testundineus* e *Clarias batrachus*. As bandas mostraram uma tendência constante para a diminuição da intensidade de todas as fracções ao longo do período de exposição, demonstrando um efeito inibidor do endossulfão na LDH dos rins e dos músculos.

No presente estudo, as alterações nas subunidades proteicas da amêijoa *L. nobilis* indicam que alguns aminoácidos essenciais ou não essenciais estão completamente esgotados, o que leva à redução do valor nutritivo do organismo. Além disso, é necessário alargar a análise electroforética ao nível da análise das isoenzimas e das enzimas que participam efetivamente na inibição da síntese das subunidades proteicas. É igualmente necessário analisar o ADN no processo electroforético para compreender o impacto dos tóxicos testados no ADN ou nucleótidos transcricionais. O autor gostaria de se concentrar nestes aspectos durante o seu estudo no domínio da toxicidade genética.

| S.N. | Faixa I Marcador | Pista-2 Controlo | Faixa 3 Letal | Faixa de rodagem-4 Sub-letal 1/5 | Faixa 5 Sub-letal 1/10 |
|---|---|---|---|---|---|
| 1 | - | 0.02 | 0.02 | - | - |
| 2 | - | 0.04 | - | - | - |
| 3 | - | 0.06 | - | - | - |
| 4 | 0.09 | - | - | - | - |
| 5 | 0.10 | - | - | - | - |
| 6 | 0.16 | - | - | - | - |
| 7 | - | 0.24 | 0.24 | - | - |
| 8 | 0.29 | - | - | - | - |
| 9 | - | 0.33 | 0.33 | 0.33 | 0.33 |
| 10 | - | 0.35 | 0.35 | 0.35 | 0.35 |
| 11 | 0.45 | - | - | - | - |
| 12 | - | - | - | - | 0.49 |
| 13 | - | 0.51 | 0.51 | 0.51 | 0.51 |
| 14 | - | - | - | 0.54 | 0.54 |
| 15 | - | - | - | - | - |
| 16 | 0.59 | - | - | - | - |
| 17 | 0.74 | - | - | - | - |
| 18 | - | 0.86 | 0.86 | 0.86 | - |
| 19 | 0.87 | - | - | - | - |

PLACA III. 1
Electroforetograma
Alterações nos perfis das subunidades proteicas em
*Leptestheriella nobilis* sob exposição a
concentrações letais e sub-letais
de imidaclopride (TATAMIDA) durante 24 horas

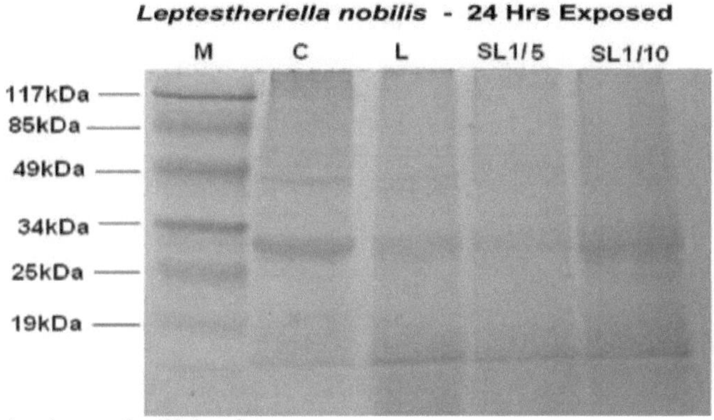


M = marcador de peso loplMolecular
C= 10 pl Controlo
L= 10 pl Letal
SL 1/5 = 10 pl Sub-letal 1/5
SL 1/10 = 10 pl Sub letal 1/10

| S.N. | Pista-1 Marcador | Pista-2 Controlo | Pista-3 Letal | Faixa de rodagem-4 Sub-letal 1/5 | Faixa 5 Sub-letal 1/10 |
|---|---|---|---|---|---|
| 1 | - | 0.04 | 0.04 | - | 0.04 |
| 2 | - | 0.06 | 0.06 | - | - |
| 3 | 0.11 | - | - | - | - |
| 4 | - | - | 0.14 | - | - |
| 5 | 0.21 | - | - | - | - |
| 6 | - | 0.22 | 0.22 | 0.22 | 0.22 |
| 7 | 0.23 | - | - | - | - |
| 8 | 0.26 | 0.26 | 0.26 | - | - |
| 9 | - | 0.30 | - | - | - |
| 10 | - | - | 0.31 | 0.31 | - |
| 11 | 0.39 | - | - | - | - |
| 12 | 0.44 | - | - | - | |
| 13 | - | 0.46 | 0.46 | 0.46 | 0.46 |
| 14 | 0.51 | 0.51 | 0.51 | 0.51 | 0.51 |
| 15 | 0.61 | - | - | - | - |
| 16 | 0.72 | 0.72 | 0.72 | 0.72 | 0.72 |

**PLACA III. 2**
**Electroforetograma**
**Alterações nos perfis das subunidades proteicas em *Leptestheriella nobilis* sob exposição a concentrações letais e sub-letais de imidaclopride (TATAMIDA) durante 48 horas**

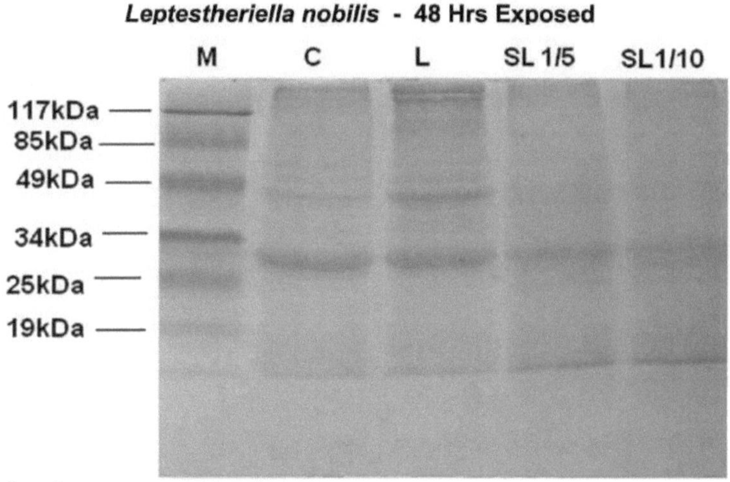


**M=loplMolecular marcador de peso**
**C=10 pl Controlo**
**L=lOplLethal**
**SL 1/5 =10 pl Sub letal 1/5**
**SL 1/10= loplSublethal 1/10**

| S.N. | Pista-1 Marcador | Pista-2 Controlo | Pista-3 Sub-letal 1/5 | Faixa de rodagem-4 Sub-letal 1/10 |
|---|---|---|---|---|
| 1 | - | - | - | - |
| 2 | - | 0.05 | - | 0.05 |
| 3 | - | 0.07 | 0.07 | - |
| 4 | | 0.09 | - | - |
| 5 | 0.13 | - | - | - |
| 6 | 0.16 | - | - | - |
| 7 | - | - | - | 0.22 |
| 8 | - | 0.24 | 0.24 | - |
| 9 | 0.26 | | | 0.26 |
| 10 | - | - | - | 0.31 |
| 11 | - | 0.33 | 0.33 | 0.33 |
| 12 | - | - | 0.34 | - |
| 13 | - | - | - | 0.39 |
| 14 | 0.41 | - | - | - |
| 15 | - | 0.51 | 0.51 | 0.51 |
| 16 | 0.54 | - | - | - |
| 17 | - | 0.56 | 0.56 | 0.56 |
| 18 | 0.69 | - | - | - |

**PLACA III. 3**
**Electroforetograma**
**Alterações nos perfis das subunidades proteicas em *Leptestheriella nobilis* sob exposição a concentrações letais e sub-letais**

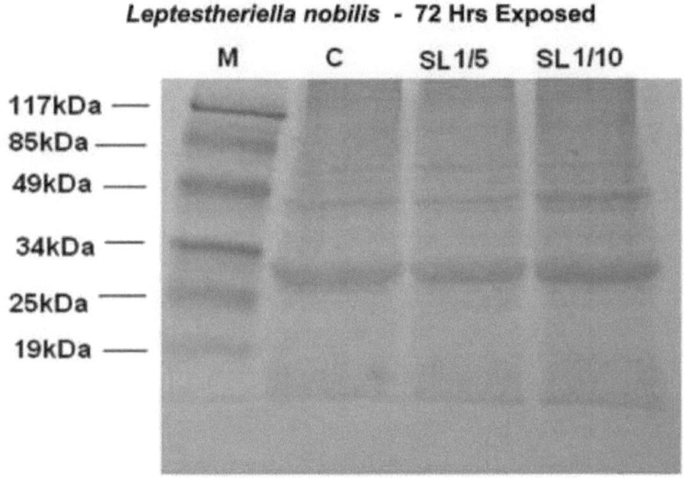


**de imidaclopride (TATAMIDA) durante 72 horas**

**M= 10 µl Marcador de peso molecular**
**C= 10 µl Controlo**
**SL 1/5 = 10 µl Subletal 1/5**
**SL 1/10= 10 µl Sub-letal 1/10**

| S.N. | Pista-1 Marcador | Pista-2 Controlo | Pista-3 Sub-letal 1/5 | Faixa de rodagem-4 Sub-letal 1/10 |
|---|---|---|---|---|
| 1 | - | - | - | - |
| 2 | - | 0.05 | - | 0.05 |
| 3 | - | 0.07 | 0.07 | - |
| 4 | 0.08 | - | - | - |
| 5 | - | 0.09 | - | - |
| 6 | - | 0.15 | - | - |
| 7 | 0.16 | - | - | 0.16 |
| 8 | - | - | - | 0.19 |
| 9 | - | 0.21 | - | - |
| 10 | - | - | 0.23 | - |
| 11 | 0.26 | - | - | 0.26 |
| 12 | - | 0.29 | 0.29 | - |
| 13 | - | - | 0.33 | - |
| 14 | 0.39 | - | - | - |
| 15 | - | 0.46 | 0.46 | 0.46 |
| 16 | 0.49 | - | - | - |
| 17 | 0.63 | - | - | - |
| 18 | 0.76 | 0.76 | 0.76 | 0.76 |

**PLACA III. 4**
**Electroforetograma**
**Alterações nos perfis das subunidades proteicas em *Leptestheriella nobilis* sob exposição a concentrações letais e sub-letais de imidaclopride (TATAMIDA) durante 96 horas**

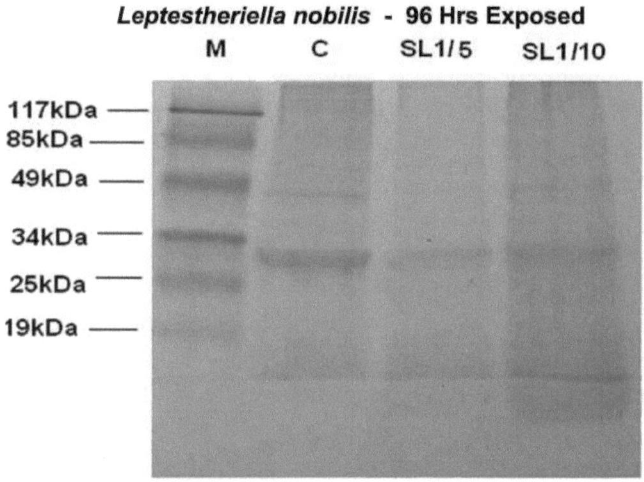


**M = marcador de peso loplMolecular**
**C = 10 µl Controlo**
**SL 1/5 = 10 µl Sub-letal 1/5**
**SL 1/10= 10 µl Sub-letal 1/10**

# CAPÍTULO - IV

## RESUMO E CONCLUSÕES

A utilização indiscriminada de pesticidas causa muitos efeitos deletérios em organismos não visados, tanto em ambientes aquáticos como terrestres, que são direta ou indiretamente benéficos para a humanidade como alimento. O presente estudo foi efectuado com o objetivo de compreender os efeitos tóxicos agudos do imidaclopride 17,8% SL (TATAMIDA de qualidade comercial) num organismo aquático vulgarmente designado por camarão-da-amêijoa, *Leptestheriella nobilis* (Crustacea: Branchiopoda: Spinicaudata). Os diferentes habitats em que estas espécies de branquiópodes se encontram em abundância em Andhra Pradesh foram registados nas últimas três décadas por vários autores (Durga Prasad, 1980; Simhachalam, 2005). Entre as espécies de branquiópodes registadas, *L. nobilis* é uma espécie que ocorre predominantemente em charcos e poças temporárias dos distritos de Guntur e Nalgonda, Andhra Pradesh, Índia. As principais culturas cultivadas nestas zonas são as culturas comerciais como o algodão, o tabaco, a malagueta e o arroz, que exigem grandes quantidades de pulverizações de pesticidas para o controlo das pragas agrícolas. Durante as pulverizações de pesticidas, alguns dos pesticidas podem ser arrastados por deriva aérea e permanecer por escoamento superficial e lixiviação através do solo para as poças e charcos de água circundantes, causando efeitos deletérios na fauna aquática. Assim, foi feita uma tentativa de estudar o impacto tóxico do imidaclopride (TATAMIDA), um pesticida de nova geração muito utilizado nesta região, nas espécies de macro invertebrados aquáticos.

Para compreender a extensão da toxicidade do imidaclopride, foram efectuados testes em *L. nobilis* durante 24, 48, 72 e 96 horas para obter valores LC50. A mortalidade em percentagem e probit aumentou com o aumento das concentrações de imidaclopride e do período de exposição. Os valores LC50 foram calculados utilizando a análise probit de Finney, tal como descrito por Roberts e Boyce (1971).

Verificaram-se alterações significativas nos níveis de proteínas e de glicogénio nos organismos expostos ao tóxico. Verificou-se que os níveis de proteínas e de glicogénio diminuíam com o aumento das concentrações do tóxico e do período de tempo. A diminuição máxima foi registada às 48 horas de exposição letal e às 96 horas de exposição sub-letais. Observou-se uma tendência semelhante no caso dos lípidos e dos ácidos nucleicos (ADN, ARN).

Para compreender o efeito do tóxico em estudo nas subunidades proteicas individuais (aminoácidos), foram realizadas experiências electroforéticas e comparadas com as proteínas e as proteínas marcadoras do organismo de controlo. Nos estudos electroforéticos, observou-se que a exposição ao tóxico utilizado no ensaio levou ao desaparecimento de algumas subunidades proteicas e ao desvanecimento das bandas das restantes subunidades proteicas, em comparação com os organismos de controlo.

A extensão do desvanecimento é maior na exposição letal do que na exposição sub-letal $1/5^{th}$ . Foi observado um desvanecimento comparativamente menor nas amostras de exposição sub-letais $1/10^{th}$ .

Em suma, o presente trabalho revela que os pesticidas causam mais efeitos nos organismos não visados, como os macro invertebrados. Por conseguinte, é extremamente necessário chamar a atenção para os efeitos adversos da utilização indiscriminada de pesticidas nas culturas. É também essencial educar os agricultores sobre o impacto dos pesticidas nos organismos não visados e, em última análise, nos seres humanos, através da biomagnificação na cadeia alimentar. Os parâmetros atualmente estudados podem ser examinados de forma mais crítica para desenvolver indicadores ou marcadores mais significativos para avaliar um determinado poluente e o seu impacto potencial.

Uma vez que a maioria dos pesticidas são persistentes e lipofílicos por natureza, serão bioacumulados nos peixes e noutros organismos aquáticos. Esta situação provoca stress e põe em risco a saúde e a riqueza da fauna aquática em geral. Embora a utilização de pesticidas não possa ser evitada, devem ser tomadas medidas para a conservação da qualidade da água e também dos recursos aquáticos.

# REFERÊNCIAS


Abdel, P. D. (1980). Toxicidade do r- BHC (Lindano) para *Gammarus Pulex*: Mortalidade em relação à concentração e duração da exposição. *Biol. de água doce,* 10 (3): 251-260.

Abou-Donia, M. B., Lapdul, D. M. e Carrington, C. D. (1988). Métodos bioquímicos para avaliação da neurotoxicidade. *In: Perspectives in basic and applied toxicology* (Ed: B.Ballantyne), Butterworth & Co.Ltd., Londres, 1-30.

Adams, C. e Rinne, R. W. (1982). Expressão do gene de formação de proteínas de stress e interação ambiental com significado evolutivo. *Ann. Rev.cytol.,* (19):305-315.

Agbon A, C. Ofojekwu, I. Ezenwaka. (2004). Toxicidade aguda do extrato aquoso de *Tephrosia vogelii* Hook para espécies relevantes em tanques de aquacultura: rotíferos, Cyclops, larvas de mosquito e peixes. *Journal of Applied Ichthyology,* 20 (6): 521-524.

APHA (1985). Associação Americana de Saúde Pública. Standard Methods for the examination of Waters and Wastewaters (Métodos padrão para o exame de águas e águas residuais). 16th Ed. Washington, D.C.

Armbrust, K. L., Peeler, H. B. (2002). Efeitos da formulação no escoamento de imidaclopride do relvado. *Pest Manag. Sci.*, 58: 702-706.

Assam, H. e Hanke, W. (1983). The significance of the amino acids during osmotic adjustment in teleost fish. *Comp. Biochem. Physiol.*, 74a: 531-536.

Bailey, Howard C., Elphick, James R., Krassoi, Rick, Lovell, Adam. (2001). Toxicidade aguda conjunta de Diazinon e amoníaco para *Ceriodaphnia dubia.* Environmental Toxicology and Chemistry 20(12):2877-2882.

Baker, J. L. (1983). Agricultural areas as non-point sources of pollution. P. 275-310. *In:* M.R. Overcash e J.M. Davidson (ed) Environmental impact of nonpoint source pollution. Ann Arbor Sci., Ann Arbor, MI.

Banken, J.A.O. e Stark, J. D. (1998). Multiple routes of pesticide exposure and the risk of pesticides to biological controls : A study of neem and the seven-spot lady beetle, *Coccinella septempunctata* L., *Journal of Economic Entomology,* 91:1-16.

Informação técnica da Bayer, Confidor® ,(2000). Bayer, Alemanha.

Bhatia, Sharma, S. C. e Venkatasubramaninan,T. A. (1978). Effect of dieldrin on hepatic carbohydrate metabolism and protein biosynthesis *in vivo. Toxicol. Appl. Pharmacol,* 24:216-221.

Brachet (1955). *In*: The nucleic acid. Vol.2, Academic Press, Nova Iorque.

Brausch, M. John e Philip N. Smith. (2006). Toxicidade de três formulações de tensioactivos de polieetoxilato de seboamina para o camarão *Thamnocephalus platyurus*, recolhido em laboratório e no terreno. *Archives of Environmental Contamination and Toxicology*, 52(2): 217-221.

Breitholtz, M. Wollenberger, L., Dinan, L., Kusk, K.O., Bengtsson, B. E. (2002). Effect of four synthetic musks on the life cycle of the harpacticoid copepod, *Nitoera*

*spinipes. Aquatic Toxicology.*
Brungs, W. A., Mc Cormick, J. H., Neitheisel, T. W., Stephen C. E. e Stockes G.N. (1977). Effects of pollution on fresh water fish (Efeitos da poluição nos peixes de água doce). J.WPCF Washington DC 49: 1425-1493.
Bullow, F. J. (1970). Rácios RNA-DNA como indicadores de taxas de crescimento recentes de um peixe. *J. Fish. Res. Bd. Can.*, 27: 2343-2349.
Burdick, G. E., Dean. H. J., Harris, E. J., Skea, J., Karcheer, R. e Frisa, C. (1972). Effect of rate and duration of feeding DDT on the reproduction of salmonoid fishes reared and held under controlled conditions. *N.Y.Fish and Game J.,* 19(2): 97-115.
Caroline Cox (2001). Imidaclopride: Insecticide fact sheet. *J.of Pesticide Reform*, 21(1):15-21.
Carson, R. (1962). Silent spring. Houghton-Mifflin Co., Nova Iorque. pp 360.
Castillo, Luisa E., de la Cruz, Elba, Ruepert, Clemens. (1997). Ecotoxicologia e pesticidas em ecossistemas aquáticos tropicais da América Central. *Toxicologia e Química Ambiental,* 16(1): 41-51.
Chu, K. H., Wong, C. K., Chiu, K. C. (1997). Efeito do regulador de crescimento de insectos (S)-Methoprene na sobrevivência e reprodução do cladócero de água doce (*Moina macrocopa*). *Environmental Pollution,* 96(2): 173-178.
Clarke, D. H. (1975). Exercise physiology, Printice Hall Co., New York.
Coglianese, M. P. e Neff, J. M. (1982). Respostas bioquímicas do caranguejo azul, *Callineetes sapidus*, ao penta clorofenol. *In:* "Physiological mechanisms of marine pollutant toxicity". (Ed.) Vernberg, W.B., A.Calabrese, F.P. Thurberg e F.J. Vernberg Academic Press, Nova Iorque, pp.127-143.
Colborn, T., Vom Saal, F. S. e Soto, A. M. (1993). Developmental effects of endocrine-disrupting chemicals in wildlife and humans (Efeitos no desenvolvimento de substâncias químicas desreguladoras do sistema endócrino na vida selvagem e nos seres humanos). *Environ. Health Perspect,* 101: 378-384.
Conn, E. E. e Stumpf, P. K. (1972). Outlines of Biochemistry, Wiley International Edition, Nova Iorque.
Cox, L., W. C. Koskinen, e P.Y. Yen. (1997). Sorção-Dessorção de Imidaclopride e seus Metabolitos em solos. *J of Agricultural Food Chemicals,* 45: 1468-1472.
Cox, L., Koskinen, W.C., Celis, R., Yen, P. Y., Hermosin, M. C. e Cornejo, J. (1998). Sorção de Imidacloprid em argila do solo Componentes minerais e orgânicos. *Soil Science Society of America Journal*, 62: 911-915.
Daday, E.V. (1913). Magaroszag kagylos levellabu rakjai. (Phyllopoda, Conchostraca Hungariae).
Dayanada Reddy, R., Pursushotham, K. R. e Ramamurthi, R. (1984). Efeito da concentração subletal de Sumithion no metabolismo dos hidratos de carbono na minhoca do sul da Índia, *Lampetomauritii* (Kinberg). J. Environ. Biol., 5(2):119- 123.

Devi, A. P. (1980). Studies on the toxicity of endosulfan to some freshwater fish, with reference to certain physiological changes induced in *Channa punctata* (Bloch), Ph.D.Thesis, Nagarjuna University, A.P., India.
Doudoroff, P., Anderson, B. G., Burdick, G. E., Gatts Off, P. S., Hort, W. B., Patrick, R., Strong, E. R., Surber, E. W. e Van Horn, W. M. (1951). Bioensaio de resíduos industriais em peixes. *Sewage Ind. Wastes*, 23: 130.
Durairaj, S. e Selvarajan, V. R. (1988). Changes in Nucleic Acid concentration in the brain of *Tilapia mossambica* exposed to the pesticide, Phosphamidon. *J. Com. Anim. Physiol.*, 6(2): 81-85.
Durairaj, S. e Selvarajan, V. R. (1992). Influence of quinalphos, an organophosphorous pesticide, on the Biochemical constituents of the tissues of fish, *Oreochromis mossambicus*. *J. Environ. Biol.*, 13(3): 181-185.
Durga Prasad, M. K. (1980). Studies on the systematics and ecology of Branchiopods of Guntur and its environs (Andhra Pradesh, India). Tese de doutoramento (não publicada), Universidade de Nagarjuna, Nagarjuna Nagar, A.P., Índia.
Edwards, C. A. (1973). Natureza e origem da poluição dos sistemas aquáticos por pesticidas. p. 11-38. *In:* C.A. Edwards (ed) Environmental pollution by pesticides. Plenum Press, Londres.
Eisler. R. (1969). Toxicidade aguda de insecticidas de crustáceos decápodes marinhos. *Crustacea*, 16: 302-316.
Elbert, A., Becker, B., Hartwig, J., Erdelen, C. (1991). Imidaclopride - um novo inseticida sistémico. *Pflanzenschutz-Nachrichten Bayer* 44: 113-136.
Elbert, A., Nauen, R. e Leicht, W. (1998). Imidaclopride, um novo inseticida cloronicotinil: Biological Activity and Agricultural Importance, pp.50-73. *In*: I. Ishaaya e D. Degheele (eds.). *Insecticides with Novel Modes of Action, Mechanisms and Application (Insecticidas com Novos Modos de Ação, Mecanismos e Aplicação)*. Springer, Nova Iorque.
Elliott, M. e Janes, N. F. (1977): Synthetic pyrethroids - A new class of insecticides. *Chem. Soc. Rev.*, 7: 473-505.
Felsot, A.S., Cone, W., YU, J., Ruppert, J. R. (1998). Distribuição de imidaclopride no solo após quimigação por gotejamento subsuperficial. *Bull. Contam. Toxicol.*, 60: 363370.
Fingerman. M., Hanante, M. M., Deshpande, U. D. e Nagabhubhushanam, R. (1981). Aumento da substância redutora total na hemolinfa de um caranguejo de água doce, Barytelphusa *guerini*, produzido por um pesticida (DDT) e uma indol-alquilamina (serotonina). *Experientia,* 37:178 - 179.
Finney, D. J. (1971). Probit Analysis. 3rd Ed. Cambridge Univ. press, Londres, Nova Iorque.
Flury, M. (1996). Evidência experimental do transporte de pesticidas através de solos

de campo - Uma revisão. *J. Environ. Qual.,* 25: 25-45.
Fossen, M. (2006). Destino ambiental do imidaclopride. Departamento de Regulamentação de Pesticidas da Califórnia.
Gangbazo, G, Cluis, D. e Bernard, C. (1989). Conhecimentos adquiridos sobre a poluição agrícola não pontual no Quebeque-1993-1998: Análise e perspectivas. *Vecteur Environ,* 32: 36-45.
Ghosh, T.K. (1986). Nuvacron induziu alterações fisiológicas, bioquímicas e comportamentais no *estigma de Barbus*. *Poll. Res*., 5: 63-65.
Gonzalez-Pradas, E., Fernandez-Perez, M., Villafranca-Sanchez, M., Flores-Cespedes, F. (1999). Mobilidade do imidaclopride de formulações de libertação controlada de alginato-bentonite em solos de estufa. *Pestic.Sci*., 55: 11091115.
Goss, P.J. (1966). Hypertrophy versus hyperplasia. *Science*, 153: 1615-1520.
Greenberg, Marc S., Allen Burton Jr., G., Rowland, Carolyn D. (2002). G., Rowland, Carolyn D. (2002). Otimização da interpretação dos efeitos *in situ* dos poluentes ribeirinhos: Impact of upwelling and downwelling. *Toxicologia e Química Ambiental*, 21(2): 289-297.
Groenendijk, P., van der Kolk, J.W.H. e Travis, K. Z. (1994). Previsão da concentração de exposição em águas de superfície. p. 105-125 *In:* I.R. Hill, F. Heimbach, P. Leeuwangh, and P. Matthiessen (ed) Freshwater field tests for hazard assessment of chemicals. Lewis Publ., Boca Raton, FL.
Gupta, A. K., Dev Dutt, Anand Muni e Ranjana. (2002). Estudo enzimológico sobre as enzimas metabólicas de *Notopterus* (Pallas). *J. Natcon*, 2: 165-168.
Gupta, P.K. (ed). (1986). Environmental Pollution by pesticides. *In*: Pesticides in Indian Environment, pp.43, Nova Deli.
Harper, (1985): Harpers Review of biochemistry (eds) Martin, D.W., Mayes, P.A. e Rodwell, V.W. *Lange Medical publications*, Maruzen Asia (Singapura).
Henderson C., Pickering, G. H. e Tarzwell, C. M. (1959). Toxicidade relativa de dez insecticidas de hidrocarbonetos clorados para quatro espécies de peixes. *J.Trans.Amer.Fish.Soc.,* 88(1):22-32.
Holbrook Jr. D.J. (1980). Efeitos dos tóxicos no metabolismo dos ácidos nucleicos e das proteínas. *In*: Introduction to biochemical toxicology (Eds: E. Hodgson e F.E. Guthrie). Blackwell Scientific Publications, Oxford, 261-284.
Holden. A. V. (1972). O efeito dos pesticidas na vida em água doce. *Proc.Soc.Lond. B180*: 383-394.
Holden, A.V. (1973). Capítulo VI *In:* Environmental Pollution by Pesticides. Ed. C.A. Edwards. Plenum Press, Londres e Nova Iorque, 542 pp.
Hourdez Stephane, Jason Lamontagne, Pat Peterson, Roy E. Webber e Charles R. Fisher. (2000). Hemoglobina de um hidrotermal de mar profundo. *Copepod. Biol. Bull*, 199:95-99.

Humenik, F.J., Smolen, M.D. e Dressing, S. A. (1987). Pollution from non-point sources. *Environ. Sci. Technol.,* 21: 737-742.
Jemec Anita, Tatjana Tisler, Damjana Drobne, Kristina Sepcic, Didier Fournier, Polonca Trebse. (2007). Comparative toxicity of Imidacloprid, its commercial liquid formulation and diazinon to a non-target arthropod, the microcrustacean *Daphnia magna. Chemosphere,* 68: 1408-1418.
Jyothirmayee, S., Jane T., Padma B., Narender Reddy, T. e Reddy, P.U.M. (2006). Alterações induzidas pelo endosulfan nas esterases de *Anabas testudineus* e *Clarias batrachus. Indian Journal of Comparative Animal Physiology*, 24(1): 95-99.
Kabeer Ahamed I., Begum, Md. R., Sivaiah, S. e Ramana Rao, K.V. (1978). Efeito do malatião nos aminoácidos livres, nas proteínas totais, no glicogénio e em algumas enzimas do molusco *Lamellidens marginalis* (Lamarck). *Proc. Indian. Acad. Sci.*, 87b (12): 377-380.
Kabeer Ahamad, I., Begum, Md. R., Sivaiah, S. e Ramana Rao, K.V. (1979): Sobre o possível significado das alterações nos constituintes orgânicos em tecidos seleccionados do caracol *Pila globosa* (Swainson) exposto ao malatião. Comp. *physiol. Ecol.*, 4 (2): 81-82.
Kagabu. S. (1997). Chloronicotinyl Insecticides - Discovery, Application and Future Perspective. *Revisões em Toxicologia,* 1:75-129.
Kemp A, Adrinene J., Kits, M. e Van Hejnenga (1954). A calorimetric method for the determination of glycogen in tissues. *Bio. Chem. J.,* 56**:** 646-648.
Kamshilov, M. M. e Flerov, B. A. (1976). Experimental Research on Phenol Intoxication of Aquatic organisms and Destruction of Phenol in Model Communities. *In*: D.I. Mount, W.R.Swain, N.K.Ivanikiw (Eds.). *Proc. 1º e 2º Simpósio EUA-URSS sobre os efeitos dos poluentes nos ecossistemas aquáticos,* Duluth, MN: 181-192.
Key, P. B., Fulton, M. H., Scott, G. I., Layman, S.L. e Wirth, E.F. (1998). Efeitos letais e sub-letais do malatião em três fases do ciclo de vida do camarão-das-gramíneas, *Palaemonetes pugia. Aquatic Toxicology,* 40:311-322.
Kidd, H. e James, D. (eds). (1994). Agrochemical Handbook. Terceira edição. Royal Society of Chemistry, Cambride, Inglaterra.
Kjær, C. N. Elmegard, J. A. Axelsen, P.N. Andersen, e N. Seidelin. (1998). The impact of phenology, exposure and instar susceptibility on insecticide effects on chrysomelid beetle population. *Pesticide Science,* 52: 361-371.
Koban, M., Graham, G. e Prosser, C. L. (1988). Indução da síntese de proteínas de choque térmico em hepatócitos de teleósteos; efeito da temperatura de aclimatação. *Physiol. Zool*, 60: 290-296.
Koteswara Rao, D. (2003). Toxicidade e efeito do clorpirifos em peixes de água doce: *Catla catla* (Hamilton), *Labeo rohita* (Hamilton), *Cirrhinus mrigala* (Hamilton), *Puntius sophore* (Hamilton), *Ctenopharyngodon idellus* (valanciennes) e *Channa*

*punctatus* (Bloch). Tese de doutoramento. Universidade de Nagarjuna. Guntur.
Kuhn, A., Munns, W. R., Champlin, D., McKinney, R., Tagliabue, M., Serbst, J., e Gleason, T. (2001). Avaliação da eficácia da modelação populacional por extrapolação para prever a dinâmica das populações de *Americamysis bahia* em laboratório. *Toxicologia e Química Ambiental,* 20(1): 213-221.
Lammeli, (1957). U. K Nature, 227: 680-685.
Latner, A. L. (1975). *In*: Clinical Biochemistry. (eds) Contarow and Trumper. W.B. Saunders Company, Philadelphia, 182-192.
Lehninger, A. L. (1983). Biochemistry. Kalyani publications, Ludhiana, New Delhi.
Leight. A. K. e van Dolah, R. F. (1999). Toxicidade aguda dos insecticidas endosulfan, cloropirifos e malatião para o anfípode estuarino epibêntico *Gammarus palusiris* (Bousefield). *Environmental Toxicology and Chemistry,* 18: 958-964.
Line, D. E., Osmond, D. L., Coffey, S. W., McLaughlin, R. A., Jennings, G. D., Gale, J. A. e Spooner, J. (1997). Non-point sources. *Water Environ. Res.,* 69: 844-860.
Loague, K. D. L. Corwin e T. R. Ellsworth. (1998). The challenge of predicting nonpoint source pollution. *Environ. Sci. Technol.,* 32: 130-133.
Loughna, P.T. e Goldspink, G. (1984). The effects of starvation upon protein turnover in red white myotomal muscle of rainbow trout, *Salmo gairdneri. J. Fish biol.*, 25: 223-230.
Lowry, O. H., Rosebrough, N. J., Farr, A. L. e Randall, R. J. (1951): Medição de proteínas com o reagente Folin Fenol. *J. Biol. Chem.,* 193:265-275.
Machado, Mark. W. (1992). (S)-Metopreno Técnico Toxicidade aguda para o camarão Mysid (*Mysidopsis bahia*) em condições de fluxo. Springborn Laboratories, Inc, Relatório nº 92-3-4165. Estudo Zoecon n.º 1775. Diretriz n.º 72-3.
Martin D.W., Mayeo A. e Rodwell, V. W. (1983). *In*: Harpens Reviews of Biochemistry. Long. Med. Publ., Maryer, Ásia.
Matias, M. J. R. (1983). O efeito da exposição ao amoníaco gasoso na duração da diapusa II nos embriões do peixe *Nothobranchius guentheri. Expermentia*, 39:1148-1150.
Matsuda, K., Buckingham, S. D., Kleier, D., Rauh, J. J., Grauso, M., Sattelle, D.B. (2001). Neonicotinóides: insecticidas que actuam nos receptores nicotínicos de acetilcolina dos insectos. *Trends Pharmacol. Sci.,* 22: 573-580.
Mauck,W. L., Olson, L. E. e Marking, L. L. (1980). Toxicidade das piretrinas naturais e de cinco piretróides para os peixes. *Arch. of Environ. Contam. and Toxicol.*, 4: 18-29.
McKin, J. M., Anderson, R. L., Benoit, D. A., Sphear, R. L. e Stocks, G. N. (1976). Efeitos da poluição nos peixes de água doce. *J. WPCFDC,* 48: 1544-1620.
Mc Leese, D. W., Metcalfe, C. D. e Zitko, V. (1976). Letalidade da permetrina, cipermetrina e fenvalerato no salmão, lagosta e camarão. *Bull. Environ. Contam.*

*Toxicol.*, 25:950-955.
Moorthy, K. S., Naidu, M. D., Chetty, C. S. e Swami, K. S. (1983). Alterações no metabolismo dos hidratos de carbono nos tecidos do mexilhão de água doce (*Lamellidens marginalis*) expostos ao fosfamidão. *Bull. Environ. Contam. Toxicol.*, 30:219-222.
Mount, D. I. e Brungs, W. A. (1967). Um aparelho de dosagem simplificado para estudos de toxicologia em peixes. *Water Res.*, 1: 21-29.
Murty, A. S. (1986). Toxicity of Pesticides to fish Vol.I and Vol.II, C.R.C. Press Inc. (1986). Bocaraton. 355-483.
Muthunagai, M, (1984). Estudos sub-letais do malatião, um organofosfato, no cérebro do peixe comestível *Tilapia mossambicus* (Peters). Dissertação de Mestrado em Filosofia. Dissertação da Universidade de Madras.
NCPIM. (2008). Centro Nacional de Gestão Integrada de Pragas. www.nicpm.org.in.
O' Brien, R. D. (1977). Insecticides action and metabolism, Academic Press, Nova Iorque e Londres.
O'Conner, J. E., Guerri, C., Jorda, A. e Grisolia, T. (1982). O mecanismo do efeito protetor do etanol contra a intoxicação por amoníaco em ratos. *Biochem. Biophys. Res. Commun.*, 107:1508-1516.
Orr, G. L. e Downer, R. G. H. (1982). Effect of lindane (r- Hexachlorocyclohexane) on carbohydrate and lipid reserves in the American cockroach, *Periplaneta americana* L. *Pest. biochem. and physiol.*, 17:89-95.
Base de dados PAN Pesticide (2006). www.Pesticideinfo.org.in
Pelham, H. (1985). Ativação de genes de choque térmico em eucariotas. *Trends Genet*, 2: 31-35.
Notícias sobre Pesticidas. (1980). Towards a reduction in pesticide use. 43: 17-20.
Pondey, S.V., Pravinkhan, R. e Venketasubramaniam, T.A. (1963). Microdeterminação de lípidos e ácidos gordos totais no soro. *Anal. Biochem.*, 6(5): 415-423.
Radhiah, V. (1988). Estudos sobre o impacto tóxico de um inseticida piretróide, fenvalerato, em alguns aspectos metabólicos e histopatológicos de um teleósteo de água doce, *Tilapia mossambica* (Peters). Tese de doutoramento, Universidade de S.V., Tirupathi, Índia.
Rajeswari, R. (1982). Estudos neuroquímicos sobre o sistema nervoso do peixe comestível, *Sarotherodon mossambicus,* devido ao pesticida organofosforado, fosfamadon. Tese de Mestrado, Universidade de Madras, Índia.
Rama Murthy, K. (1988). Impacto do hepatacloro nos parâmetros hemotológicos, histológicos e bioquímicos seleccionados no peixe comestível de água doce, *Channa punctatus* (Bloch). *Indian.Acad. Sci. (Anim.Sci),* 91(6):501-505.
Ramanibai, R. e Eleyaraia. P. (2001). O efeito do tóxico na taxa de colonização das

plantas - Um estudo de microcosmos. *Indian J. Environ & Ecoplan, 5: 417* 421.
Rama Rao, M.V. e Ramamurthi, R. (1980). Efeito da concentração sub-letais de sumithion em alguns constituintes bioquímicos do caracol de água doce, *Pila globosa* (Swainson). *Geobios*, 7: 247-250.
Rama Rao, M. V. e Ramamurthi, R. (1981). Effect of organophosphorous pesticide sumithion on aspects of nitrogen metabolism in the fresh water snail *Pila globosa* (Swainson). *Zeit. Fur. Angew. Zoologie*, 9:129-137.
Relyea A. Rick. (2005). O impacto dos insecticidas e herbicidas na biodiversidade e produtividade das comunidades aquáticas. *Aplicação Ecológica,* 15(2): 618627.
Rao, K. R. S., Saheeb, I. K., Sailatha, D. e Rao, K. V. R. (1986). Efeitos de graus técnicos e comerciais de malatião no metabolismo oxidativo do peixe *Tilapia mosambica. Env. Eco.*, 4: 270-273.
Roberts, M. e Boyce, C. B. C. (1972). Methods in Microbiology (7-A ed). Norris, J.R. e Ribbows, 479 pp. D.W. Academic Press, Nova Iorque.
Sanders, H.O., (1969). Toxicidade dos pesticidas para um crustáceo, *Gammarus lacustris. U.S. Bull. Spoft fish. Wildl.,* Tech. papers, 25: 1-18.
Sanders, H. O., Huckins, J., Johnson, B. T. e Skaar, D. (1981). Biological effects of Ketone and Mixex in Freshwater invertebrates. *Arch. Environ. Contam. Toxicol.*, 10: 551-539.
Sars, G.O. (1900). Sobre alguns Phyllopoda indianos. *Arch. Mat. Naturvidenskas*, 22(9): 3-30.
Sastry, K.V. e Adad Siddiqui. (1984). Alguns parâmetros hematológicos, bioquímicos e enzimológicos de um peixe teleósteo de água doce, *Channa punctatus*, exposto a concentrações sub-letais de quinalfos. *Pestic. Biochem. and Physiol.*, 22: 8-13.
Satyavelu Reddy, K. (1985). Estudos sobre os perfis de osmorregulação, metabolismo de proteínas e lípidos num bivalve de água doce sob stress induzido por metilparatião. Tese de doutoramento, Universidade S.V., Tirupathi, Índia.
Schiavon, M., Perrin-Ganier, C. e Portal, J. M. (1995). A poluição das águas por pesticidas: Estado e origem. *Agronomie* (Paris) 15: 157-170.
Scott, G., Baughman, I. D.S., Trim, A. H. e Dee, J. C. (1987). Efeitos letais e sub-letais de insecticidas normalmente encontrados em escoamentos agrícolas de fontes não pontuais para peixes e moluscos estuarinos. p. 251-273. *In:* W.B. Vernberg, A. Calabrese, F.P. Thurberg e J.F. Vernberg (ed) Pollution physiology of estuarine organisms. Univ. of South Carolina Press, Columbia.
Searchy, D. G. e MacLenis, A. J. (1970). Determinação do ADN pela técnica da difenilamina de Burton em experiências e técnicas em parasitologia. (Eds: Mac Lnnis A J e Voge M). W.H. Freeman and Co., San-Francisco, 190-191.
Segal, H. C. (1976). Mecanismo e regulação do turn over de proteínas no topo da cura de células animais. *Cel. Regul.*, 11: 183-196.

Simhachalam, G. (2005). Estudos sobre a taxonomia e alguns aspectos bioquímicos de espécies de camarões clam (Branchiopoda: Crustacea) da costa de Andhra Pradesh, Índia. Tese de doutoramento, Universidade Acharya Nagarjuna, Índia.

Sivaprasada Rao, K., Satya Prasad, K. e Ramana Rao, K. V. (1980). Efeito sub-letais do metilparatião na proteólise dos tecidos do mexilhão de água doce *Lamellidens marginalis* (Lamarck). *Proc, Indian Natn. Sci. Acad.* B 46(2): 164-167.

Smeets, J. (1980). Ensaios e notificação de substâncias químicas na legislação atual. *Ecotoxicol. Environ. Segurança*, 4: 103-120.

Sprague, J. B. (1971). Medição da toxicidade da poluição para os peixes III. Efeitos sub-letais e concentrações seguras. *Water Res.,* 245-66.

Sreenivasulu Reddy, P, Bhagyalakshmi, A. e Ramamurthi, R. (1982a). Stress fisiológico agudo subletal *in vivo* induzido pelo sumithion no metabolismo dos hidratos de carbono no hepatopâncreas de *Oziotelphusa senex senex*. *Toxicol. Letters*, 13: 179-182.

Sreenivasulu Reddy, P. Bhagyalakshmi, A. e Ramamurthi, K. (1982b): Efeito tóxico agudo do BHC. Efeito de toxicidade na bioquímica do sangue do *mus booduga gray*, o rato do campo indiano. *Zeit. Fur. Angew. Zoologia*, 69: 23-88.

Srinivsa Moorthy, K., Kasi Reddy, B., Swami, K. S. e Chetty, C. S. (1985). Effects of pesticide dichlorovos on succinate and malate dehydrogenase activity in fish, *Sarotherodon mossambicus*. *Environment and Ecology,* 3(3): 335-357.

Staton. L. J, Nikolaos. V. Schizas, Susan L. Klosterhaus, Joseph Griffitt, R., Thomas Chandler, G. e Bruce C. Coull (2002). Effect of salinity variation and pesticide exposure on an estuarine harpacticoid copepod, *Microarthridion littorale* (poppe) in southeastern US. *Journal of Experimental Marine Biology and Ecology*, 276: 101-110.

Stephenson, R.R. (1982). Toxicologia aquática da cipermetrina. I. Toxicidade aguda para alguns invertebrados de água doce em testes laboratoriais. *Aquatic Toxicology,* 2(3): 175-185.

Sujatha, C.H., Nair, S.M., Chacko, J. (1995). Níveis de lípidos nos tecidos da amêijoa, *Villorita cypernoides* var.*cochinensis*, após exposição a endosulfan, malatião e metilparatião. *Toxicidade ambiental e qualidade da água*, 10(4): 231-235.

Sundaram, S. e Szeto, Y. (1979). Um estudo sobre a toxicidade letal do aminocrab para o peixe-gato de água doce e o seu metabolismo *in vivo*. *J. Environ. Sci. Health (B)*, 14 (C): 589-602.

Tayyaba, L.K. e Hasan, M. (1980). Tratamento com DDVP induzido por organofosforados nos lípidos totais regionais e diminuição do nível de colesterol da concentração de fosfolípidos em diferentes regiões do cérebro do rato. *Curr. Sci.*, 49(16): 617-619.

Tomizawa, M. e Casida. J. E., (2003). Toxicidade selectiva dos neonicotinóides atribuível à especificidade dos receptores nicotínicos de insectos e mamíferos. *Annu.*

*Rev. Entomol*, 48: 339-364.

Tomizawa, M. e Casida, J. E., (2005). Toxicologia dos insecticidas neonicotinóides: mecanismos de ação selectiva. *Annu. Rev. Pharmacol. Toxicol.*, 45: 247-268.

Tomlin, C.D.S.(1997). The Pesticide Manual. The British Crop Protection Council, Reino Unido

Tripathi, G. e Shukla, S. P. (1990 a): Malato e lactato desidrogenases de um peixe-gato de água doce: Impacto do endosulfan. *Biomed. Environ. Sci.,* 3:53-64.

Tripathi, G. e Shukla, S.P. (1990 b): Alterações enzimáticas e ultra-estruturais em peixes-gato de água doce: Impacto do metilparatião. *Biomed. Environ. Sci.,*3:166- 183.

Turner, L. V. e Manchester, K.L. (1972). Efeitos da desnervação sobre o teor de glicogénio e sobre os atributos das enzimas do metabolismo da glicose e do glicogénio no músculo diafragma do rato. *Biochem J.*, 128: 789-801.

U.S.E.P.A. (1973). Critérios de qualidade da água. Secção IV Vida aquática marinha e vida selvagem. U.S. Washington,D.C. 269 pp.

U.S.E.P.A. (1994). Imidacloprid: pesticide fact sheet. Agência de Proteção do Ambiente dos EUA, Washington, D. C. O' Brien, 1977.

Veeraiah, K. e Durga Prasad, M.K 1996). Um estudo sobre a contaminação por resíduos organoclorados dos lagos de água potável de algumas aldeias do distrito de Guntur. *Ind. Jourl. Environ. Protec.,*16(7): 512-514.

Verslycke, T.A., Fockedey, N., McKenney Jr.C.L., Roast, S.D., Jones, M.B., Mees, J. e Jassen, C. R. (2004). Mysid crustaceans as potential Test organisms for the evaluation of Environmental Endocrine Disruption: A Review. *Environmental Toxicology and Chemistry,* 23(5): 1219-1234.

Willis, J. Kates e Nichlos Ling (2003). The toxicity of emamectin benzoate, an aquaculture pesticide to planktonic marine copepods. *Aquaculture,* 221: 289-297

Yun-Peisun (1970). *In:* Biochemical Toxicology of Insecticides. Eds. O'Brien RD e Izuru Yamamoto, Academic Press, Nova Iorque, 201.

MIX
Papier aus verantwortungsvollen Quellen
Paper from responsible sources
FSC® C105338

Printed by Books on Demand GmbH, Norderstedt / Germany